教你轻松玩转

Flash

CS6 动画制作入门与进阶

主　编／张顺利 马丽娟　　副主编／张培 韩亚峰

机械工业出版社

CHINA MACHINE PRESS

本书通过 20 个经典案例和 8 个综合项目由浅入深、循序渐进地讲解了使用 Flash CS6 进行动画创作的基本方法和技巧，覆盖了目前 Flash 动画技术的各种典型应用。内容包括 Flash 动画制作的基本原理、图形绘制的基本技巧、动画制作的基本技术、声音和视频媒体的集成应用、脚本语言的书写技巧、元件和滤镜的使用、镜头的使用、场景的切换、动画的预载、游戏的设计等，囊括了从入门到精通的知识点和相关技巧。

本书适合高校多媒体技术专业、计算机应用技术专业相关师生，Flash 动画从业人员和平面设计爱好者阅读。

图书在版编目（CIP）数据

教你轻松玩转 Flash CS6：动画制作入门与进阶/张顺利，马丽娟主编．—北京：机械工业出版社，2015.6

ISBN 978-7-111-50093-3

Ⅰ.①教⋯　Ⅱ.①张⋯②马⋯　Ⅲ.①动画制作软件　Ⅳ.①TP391.41

中国版本图书馆 CIP 数据核字（2015）第 087981 号

机械工业出版社（北京市百万庄大街 22 号　邮政编码 100037）

策划编辑：任　鑫　责任编辑：任　鑫

责任校对：王　欣　责任印制：乔　宇

北京机工印刷厂印刷（三河市南杨庄国丰装订厂装订）

2015 年 6 月第 1 版第 1 次印刷

184mm×260mm・15.75 印张・384 千字

0 001—3 000 册

标准书号：ISBN 978-7-111-50093-3

定价：45.00 元

凡购本书，如有缺页、倒页、脱页，由本社发行部调换

电话服务	网络服务
服务咨询热线：010-88361066	机 工 官 网：www.cmpbook.com
读者购书热线：010-68326294	机 工 官 博：weibo.com/cmp1952
010-88379203	金 书 网：www.golden-book.com
封面无防伪标均为盗版	教育服务网：www.cmpedu.com

前言 Preface

Adobe Flash CS6 是目前非常流行的一款平面动画制作软件，广泛应用于网络广告、网站建设、交互游戏、动画短片等领域。本书通过20 个经典案例和 8 个综合项目由浅入深、循序渐进地讲解了使用Flash CS6 制作动画的基本方法和相关技巧。本书共 8 章，具体内容如下。

第 1 章主要介绍了 Flash CS6 的入门基础知识。通过案例"小船的航行"介绍了 Flash 平面动画的基本制作流程、文档属性的设置和图层的基本操作等相关内容。

第 2 章主要介绍了 Flash 中图形绘制的相关技术。通过案例"鸡宝宝"卡通形象绘制、"禁止吸烟"标志图制作、"一枝花朵""尚品月饼"网页广告制作，介绍了椭圆工具、铅笔工具、颜料桶工具、墨水瓶工具、线条工具、套索工具、文本工具等基本绘图工具的使用。最后通过综合项目"开心六一"电子贺卡的制作介绍了所有工具的综合使用，以及设计面板、Deco 工具、变形工具的使用。

第 3 章主要介绍了逐帧动画制作的相关技术。通过案例"海尔新春送大礼"商业广告，介绍了制作逐帧动画的基本方法和导入序列图像的方法；通过案例制作"小熊走路"动漫角色，介绍了卡通动物动作绘制技巧和编辑多个帧的技巧。最后通过综合项目"光影逐帧动画"让读者掌握逐帧动画的综合应用。

第 4 章主要介绍了补间动画制作的相关技术。通过案例"节约用水"公益广告，介绍了制作形状补间动画制作的步骤；通过案例"雏鸡变凤凰"微动画介绍了形状补间动画制作过程中形状提示点的设置以及微动画的制作要领；通过案例"服务三农"广告动画，介绍了制作传统补间动画的基本方法，以及元件和实例的关系，滤镜的使用技巧；通过案例"七夕相会"动画，介绍了补间动画的创建方法及其与传统补间动画的区别。

第 5 章主要介绍了引导路径动画和遮罩动画制作技术。通过案例"璀璨星空"，介绍了引导路径动画制作步骤及应用技巧，通过案例"Flash 动态相册"，介绍了制作遮罩动画的基本方法；通过案例"蛋糕房广告"宣传动画，介绍了遮罩与引导的综合应用技巧。最后通过综合项目"汽车登场广告"介绍了多种动画技术的综合应用技巧。

Preface 前言

第 6 章主要介绍了 Flash 集成媒体文件的功能。通过案例"圣诞之夜"介绍了在 Flash 动画中添加背景音乐的方法及其音乐文件的编辑处理技巧；通过案例"新年好"音乐动画介绍了歌词和音乐同步设置技巧；通过案例"少林兔与武当狗"动漫短片，介绍了导入视频和时间轴函数控制视频的回放的方法。

第 7 章主要介绍了 Flash 脚本语言的使用。通过案例"数学课件——找空隙"，介绍了按钮事件处理函数的应用和使用方法；通过案例"通关密语测试"，介绍了动态文本的使用方法和条件语句的书写方法；通过案例"识图游戏"，介绍了鼠标拖动效果的实现方法和热区的创建方法。最后通过综合项目"房地产网站导航"案例，介绍了使用脚本制作交互式网站的基本方法。

第 8 章通过"高校网站开场动画"、"《小燕子》Flash MTV"、"茶园旅游广告"、"《魔法精灵接宝物》网页游戏"4 个典型综合项目介绍了 Flash 知识技能的综合应用技巧。

本书采用"案例驱动"式的组织形式讲解 Flash 平面动画的基本知识和技能，每个案例采取"先讲案例-再从案例中提炼知识技能-最终通过实训练习应用知识技能"的思路进行编写，遵循"从直观到抽象"的认知规律。本书中的项目源文件、配套视频其他一些相关资料，均可通过机械工业出版社官方网站（www.cmpbook.com）中的"服务中心"→"资源下载"模块下载。

本书由张顺利，马丽娟任主编，张培、韩亚峰任副主编，参加本书编写的还有张素君、梁云娟、吉哲、黄勇。在本书的编写过程中我们力求精益求精，但难免存在一些不足之处，敬请广大读者批评指正。

编者

目录 Contents

Contents 目录

第3章 逐帧动画制作——精雕细琢见功效

第4章 补间动画制作——行云流水的运动

目录 Contents

第5章　引导路径动画和遮罩动画制作——多层次的动画表现手法

第6章　Flash 集成媒体文件——从无声到有声的动画

Contents 目录

第 7 章　Flash 脚本语言——可交互式动画

第 8 章　综合能力进阶

目录 Contents

参考文献

第1章
Flash CS6 动画制作入门
——初识 Flash 动画

动画作为一种老少皆宜的艺术形式，具有悠久的历史，犹如民间的走马灯和皮影戏等古老的动画形式。当然，真正意义的动画是在摄像机出现以后才发展起来的，并且随着科学技术的不断发展，又注入许多新的活力。Flash 最初是由 Macromedia 公司推出的交互式矢量图和 Web 动画的标准，后由 Adobe 公司收购。Flash CS6 是集二维动画创作与应用程序开发于一身的创作软件，它以网络流式媒体技术和矢量技术为核心，制作的动画具有短小精湛、交互性强的特点，被广泛应用于网页动画的设计中，是当前网页动画设计最为流行的软件之一。

学习要点

- Flash 的应用领域
- 动画的基本术语
- Flash CS6 的操作界面
- 动画制作的基本步骤

1.1　Flash 动画入门概述

1.1.1　Flash 动画的特点

Flash 能够占据网络多媒体的重要位置，最重要的一点是因为它以网络流式媒体技术和矢量技术为核心。Flash 与当今最流行的网页设计工具 Dreamweaver 配合默契，Flash 动画被广泛应用于网页设计、网页广告、平面动画制作、多媒体教学、小游戏设计、产品展示和电子相册等诸多领域。它具有文件体积小，支持多媒体技术，可输出多种文件格式，互动性强等特点。

Flash CS6 是一套集矢量绘图、动画制作、互动设计三大功能于一体的网页动画制作软件。作为网络动画的典型应用形式，Flash 动画技术在实际操作中具有许多的特色与优势。

（1）文件体积小巧

Flash 中采用了矢量图形，与位图图形相比，具有压缩不失真，所需存储容量小等特点，因此制作同样动画效果所生成的文件容量要小得多，而且能够保持很好的图形质量。

（2）支持多媒体技术

Flash 能把文本、图像、动画、音效和交互方式融为一体，多媒体技术的支持使得动画作品的视听效果更加丰富。早在 Flash CS 版本之前，就已支持 MP3 音乐格式的导入与编辑，从而提升了 Flash 动画的娱乐功能。

（3）支持多种文件格式

Flash 支持多种文件格式的导入与导出，动画制作者可以导入图像、视频、音频格式的文件，也可导出网页中常用的 swf 动画格式。Flash CS6 版本中，还支持输出 mov 视频格式，输出的 mov 格式可导入 FinalCutPro 非线性剪辑软件中，完成后期特效处理和剪辑合成工作，增加动画作品的观赏度。

（4）具有交互性优势

Flash 动画与其他同类软件的一个基本区别就是具有交互功能。Flash 动画的交互性能可满足用户与动画作品交互的需求，让观众成为动画的一个角色，其操作过程成为动画的组成部分。其交互功能的实现则主要依赖于其内置的 ActionScript 脚本语言，通过脚本描述语言制作者可以制作出人机交互的动画。

> 注意：网络流式媒体技术允许用户在动画文件全部下载完之前播放已下载的部分，并在不知不觉中下载剩余的动画文件，这样可以突破网络带宽的限制，从而在网络上快速地播放动画，并实现动画交互。基于矢量图形的动画即使随意缩放其尺寸，也不会影响图像的质量。

1.1.2　Flash 的应用领域

随着网络热潮的不断掀起，Flash 动画软件版本也开始逐渐升级。强大的动画制作功能深受用户的喜爱，从而使得 Flash 动画的应用范围越来越广泛，其主要体现在以下几个领域。

1. 网络广告

网络广告主要体现在宣传网站、企业和商品等方面。用 Flash 制作出来的广告，要求主题色调要鲜明、文字要简洁，较美观的广告能够增添网站的可看性，并且容易引起客户的注意力而不影响其需求，如图 1.1 所示。

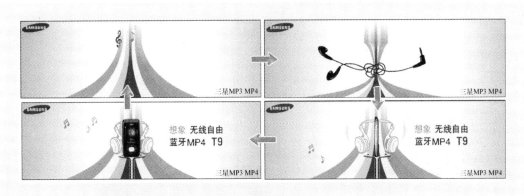

图 1.1　网络广告动画

2. 网站建设

Flash 网站的优势在于其良好的交互性，能给用户带来全新的互动体验和视觉享受。通常，很多网站都会引入 Flash 元素，以增加页面的美观性来提高网站的宣传效果，比如网站中的导航菜单、Banner、产品展示、引导页等。有时也会通过 Flash 来制作整个网站，如图 1.2所示。

图 1.2　Flash 网站

3. 交互游戏

Flash 交互游戏，其本身的内容允许浏览者进行直接参与，并提供互动的条件。Flash 游戏多种多样，主要包括棋牌类、冒险类、策略类和益智类等多种类型。图 1.3 中展示的是一个空中接人的 Flash 交互游戏，它就是通过键盘上的空格键来控制的。

图 1.3　Flash 交互性游戏

4. 动画短片

　　MTV 是动画短片的一种类型，用美妙的歌曲配以精美的画面，将其变为视觉和听觉相结合的一种崭新的艺术形式。制作 Flash MTV，要求开发人员有一定的绘画技巧，以及丰富的想象力，如图 1.4 所示。

图 1.4　Flash MTV

5. 教学课件

　　教学课件是在计算机上运行的教学辅助软件，是集图、文、声为一体，通过直观生动的形象来提高课堂教学效率的一种辅助手段。而 Flash 恰恰满足了制作教学课件的需求。图 1.5 展示了一个中学数学的 Flash 课件，通过单击导航按钮可控制课件的播放过程。

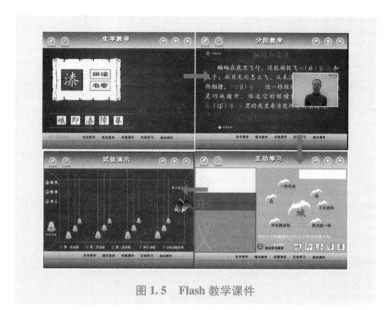

图 1.5　Flash 教学课件

1.2 Flash CS6 基础

1.2.1 Flash CS6 工作界面介绍

与 Flash CS5 相比，Flash CS6 的工作区并没有特别大的变化，Flash CS6 的工作区进行了许多改进，图像处理区域更加开阔，文档的切换也变得更加快捷，这些改进提供了更加方便的工作环境。下面具体介绍 Flash CS6 的工作界面。

1. Flash CS6 的起始页

执行"开始"→"程序"→"Adobe Flash Professional CS6"菜单命令，或者双击桌面上的"![FI]"图标，打开 Adobe Flash Professional CS6 的起始页，如图 1.6 所示。

2. Flash CS6 动画制作的主页面

执行"新建"→"ActionScript 3.0（Flash 文件）"菜单命令，即可进入 Flash CS6 动画制作的主页面，如图 1.7 所示。Flash CS6 的动画制作主页面可分为工具箱、文档选项卡、时间轴、舞台、属性面板、颜色面板等几个区域。它们的功能介绍如下。

1）工具箱。工具箱中提供了 Flash 中所有的操作工具。如图 1.8 所示，工具箱从上到下可以分为"编辑工具"、"绘图工具"、"查看工具"、"颜色工具"和"选项"五个区域。"编辑工具"提供了编辑图形形状所用的各种工具；"绘图工具"提供了绘制图形形状所用的各种工具；"查看工具"用于移动和缩放舞台；"颜色工具"用于设置颜色的笔触颜色和填充颜色；"选项"用于设置所选工具的一些属性，属性随工具的不同而不同。

图 1.6 Adobe Flash Professional CS6 的起始页

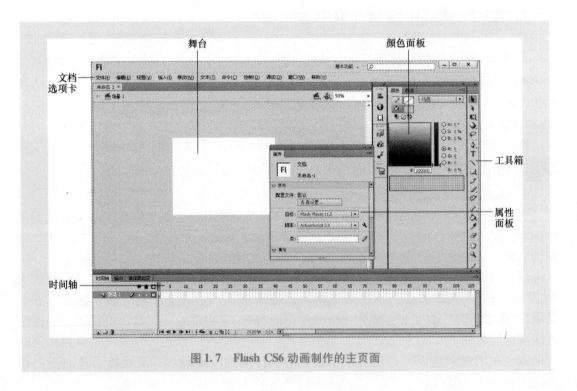

图 1.7 Flash CS6 动画制作的主页面

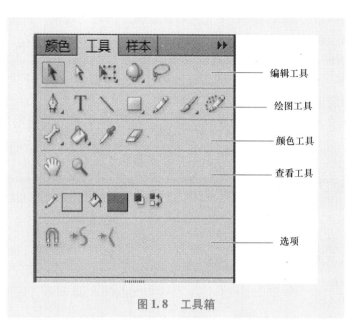

图1.8　工具箱

2）时间轴。时间轴用于组织和控制文档内容在一定时间内播放的图层数和帧数。与胶片一样，Flash 文件也将时长分为帧。图层就像是堆叠在一起的多张幻灯片，每个图层都包含一个显示在舞台中的不同图像。时间轴面板分为图层、时间帧、播放头三部分，如图 1.9 所示。

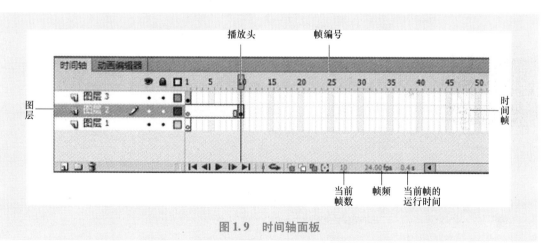

图1.9　时间轴面板

文档中的图层在"时间轴"面板左侧，每个图层中包含的帧显示在该图层名右侧的一行中。"时间轴"面板顶部的时间轴标题指示帧编号，播放头指示当前在舞台中显示的帧。播放 Flash 文件时，播放头从左向右通过时间轴。

时间轴状态显示在"时间轴"面板的底部，可以显示帧频、当前帧数，以及到当前帧为止的运行时间。

图层就像透明的纸张一样，在舞台上一层层地向上叠加。图层用以帮助用户组织文档中的对象，用户可以在图层上绘制和编辑对象，而不会影响其他图层上的对象。如果一个图层上没有内容，那么就可以透过它看到下面的图层。

3）舞台。舞台是用户在创建 Flash 文件时放置图形内容的区域，在这里可以直接绘图，或者导入外部图形、视频文件进行编辑，再把各个独立的帧合成在一起，生成动画作品。

4）"属性"面板。该面板用于设置或者查看舞台或时间轴上当前选定项的常用属性，用户可以在"属性"面板中更改对象或文档的属性，而不必访问用于控制这些属性的菜单或者面板。根据当前选定的内容，"属性"面板可以显示当前文档、文本、元件、形状、位图、视频、组、帧或工具的信息一并进行设置。图 1.10 所示为不同对象的"属性"面板。当选定了两个或多个不同类型的对象时，"属性"面板会显示选定对象的总数。

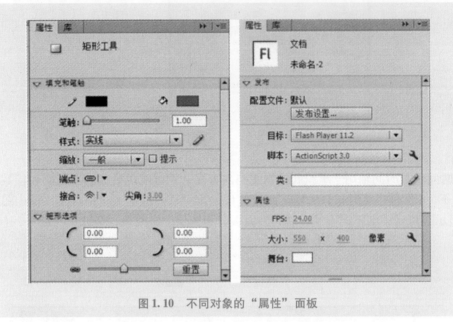

图 1.10 不同对象的"属性"面板

5）"颜色"面板。该面板用于设置图形的填充颜色或者线条颜色，如图 1.11 所示。它包括"样本"和"颜色"两个选项卡。在"颜色"面板中用户可以调制图形的颜色，而"样本"面板可以为图形选择系统提供的颜色。

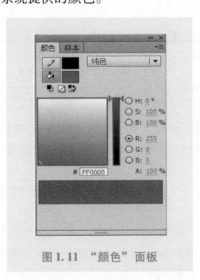

图 1.11 "颜色"面板

6）"文档选项卡"面板。"文档选项卡"面板上显示的是当前用户打开的所有 Flash 文件，文档选项卡可以帮助用户在各个文档之间快速切换，如图 1.12 所示。

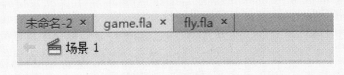

图 1.12　文档选项卡

除了以上介绍的几个面板之外，Flash 中常用的面板还有"动作"面板、"对齐"面板、"信息"面板、"库"面板等，这些面板的使用将在本书后面具体的案例中讲解。

技巧：可以按组合键【Ctrl +" +"】放大舞台，组合键【Ctrl +" -"】缩小舞台。按【F4】键可关闭不同的窗口，按组合键【Ctrl + F2】可打开工具箱，按组合键【Alt + Shift + F9】可打开"颜色"面板。

1.2.2　Flash 动画的基本术语

在开始学习 Flash 之前，首先需要对 Flash 动画的基本术语有所了解，这样在学习 Flash 制作的过程中，才能够更容易理解。

1. 动画和帧

动画是利用人的视觉暂留特性，连续播放一系列画面，给视觉造成连续变化的图画，如图 1.13 所示。它的基本原理与电影、电视一样，都是视觉原理。每一幅图片为一帧，播放图片的速度用每秒多少帧来度量，称为帧频。

图 1.13　连续的画面

★提示：　"视觉暂留"特性是人的眼睛看到一幅画或一个物体后，在 1/24s 内不会消失。利用这一原理，在一幅画还没有消失前播放出下一幅画，就会给人造成一种流畅的视觉变化效果。

2. 场景和舞台

在 Flash 中，"场景"可以看作是舞台的容器，构成 Flash 动画的所有元素都被包含在场景中。场景在 Flash 动画中是不可缺少的，一个场景是一个相对独立的动画。一个 Flash 动画至少由一个场景组成，也可以由多个场景组成。

舞台是用户编辑场景和编辑动画内容的地方。切换场景后舞台中显示的就是对应场景的内容。如果新建一个文件，那个白色的部分就是舞台。最终成品只有在舞台上出现的部分才能看到。

3. 元件和元件"库"

元件是 Flash 动画制作中极其重要并且经常用到的概念，它是指在影片中可以重复使用的元素，可以由图形、按钮、影片剪辑、声音、文字等组成。"库"是存放元件的地方，一个 Flash 文件对应一个"库"。制作动画时创作的元件都放在"库"中，将需要使用该元件时，只需将其拖曳到合适的位置即可。善于使用元件，可以提高 Flash 动画制作的效率。

4. 逐帧动画与补间动画

Flash 动画主要有两种方式，即逐帧动画与补间动画。

逐帧动画是最基本的动画形式。它最适合于每一帧中的图像都在更改，而并非仅仅简单地在舞台中移动的动画，逐帧动画就是对每一帧的内容逐个编辑，然后按一定的时间顺序进行播放而形成的动画，如图 1.14 所示。制作逐帧动画的工作量比较大，但能够较逼真地表达出一些动画效果。

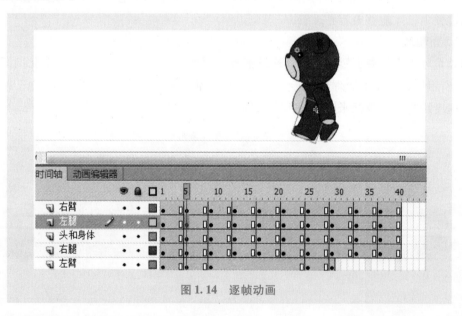

图 1.14　逐帧动画

补间动画是一个帧到另一个帧之间对象变化的一个过程。在创建补间动画时，可以在不同关键帧的位置设置对象的属性，如位置、大小、颜色、角度、Alpha 透明度等。编辑补间动画后，Flash 将会自动计算这两个关键帧之间属性的变化值，并改变对象的外观效果，使其形成连续运动或变形的动画效果，如图 1.15 所示。补间动画是由制作者制作出两个内容不同的关键帧，中间的过渡帧由 Flash 系统自动完成。补间动画根据其变化的形式不同，分为动作补间动画和形状补间动画。

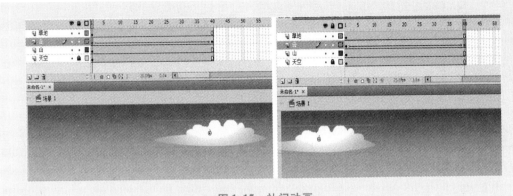

图 1.15　补间动画

1.2.3　Flash 平面动画的基本制作流程

制作一个 Flash 动画的流程就好比拍一部电影，其基本流程大致可以分为前期策划、动画流程设置、分镜头、动画制作、后期处理和发布动画 6 个步骤。

1. 前期策划

在前期策划中，一般需要明确该 Flash 动画的目的、表现方式、动画制作规划以及组织制作的团队。通常，一些大型的商业 Flash 动画，都会有一个严谨的前期策划，以明确该动画项目的目的和一些具体的要求，以方便动画制作人员顺利地开展工作。

2. 动画流程设置

完成了前期策划后，设计者就需要考虑整个 Flash 动画的流程设置，即先出现什么、接着出现什么、最后出现什么。如果是 Flash 动画短片，则还需要考虑剧情的设置和发展，写出动画的故事脚本，一个好的故事脚本对于 Flash 动画来说是非常重要的。

3. 分镜头

确定了动画制作的流程或者是剧情的发展，就可以进行分镜头的设计工作了。分镜头是影片计划的蓝图，也是影片最初的视觉形象。将相应的场景先设计出来，可以通过在 Flash 中绘制的方式，也可以通过在其他软件中绘制好再导入到 Flash 中进行使用。

4. 动画制作

Flash 动画制作阶段是最重要的一个阶段，也是本书介绍的重点。这个阶段的主要任务是用 Flash 将各个动画场景制作成动画，其具体的操作步骤可以细分为录制声音、建立和设置影片文件、输入线稿、上色以及动画编排等。

5. 后期处理

后期处理部分要完成的任务是，为动画添加特效、合成并添加音效。

6. 发布动画

发布是 Flash 动画创作特有的步骤。因为目前 Flash 动画主要用于网络，因此有必要对其进行优化，以便减小文件的体积、优化运行效率。

1.3 "小船的航行" 案例

【案例概述】

本案例为"小船的航行"。动画中的小船会从左边向前航行一直到最右边。通过本案例的学习，读者可以掌握使用 Flash 制作动画的基本理念和思路，其效果图如图 1.16 所示。

图 1.16 "小船的航行"效果图

【实现过程】

1. 设置"文档属性"

启动 Adobe Flash CS6 后，新建一个文档。执行"窗口"→"属性"命令，打开文档的属性窗口，如图 1.17 所示。用鼠标双击舞台属性后面的色块，设置舞台背景颜色为"#03B2EB"。

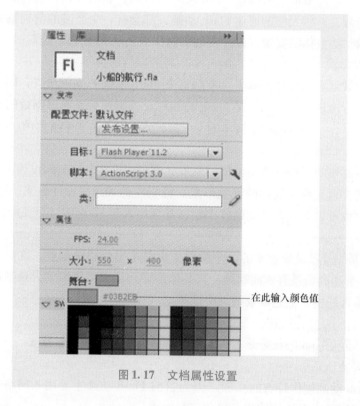

在此输入颜色值

图 1.17 文档属性设置

2. 绘制元件"云朵"

Step1 执行"插入"→"新建元件"菜单命令，打开"创建新元件"对话框，如图 1.18 所示，设置新元件的名称为"云朵"，类型为"图形"，然后单击"确定"按钮。

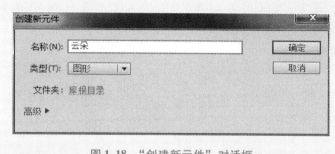

图 1.18　"创建新元件"对话框

Step2 单击"工具箱"中的"椭圆工具"按钮，然后修改工具箱中"笔触颜色"为"无"，填充颜色为"白色"，在舞台上绘制出多个相连的椭圆，如图 1.19 所示。

3. 绘制元件"小船"

Step1 执行"插入"→"新建元件"菜单命令，新建图形元件"小船"。

Step2 单击"工具箱"中的"线条工具"按钮，然后修改工具箱中"笔触颜色"为"黑色"，在舞台上绘制出小船的基本轮廓，效果如图 1.20 所示。

图 1.19　"云朵"效果图

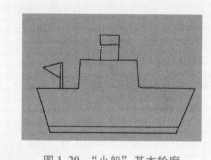

图 1.20　"小船"基本轮廓

Step3 单击"工具箱"中的"椭圆工具"按钮，然后修改工具箱中"笔触颜色"为"黑色"，填充颜色为"无"，在小船的中间添加三个圆圈，其效果如图 1.21 所示。

Step4 设置"工具箱"中的"填充颜色"，单击工具箱中"颜料桶工具"按钮，为小船填充颜色，其效果如图 1.22 所示。

4. 绘制大海

Step1 用鼠标单击文档选项卡下面的"场景"按钮，回到主场景。单击工具箱中的"矩形工具"按钮，设置笔触颜色为"无"，填充颜色为"#0184CC"，在舞台的中下部分画一个矩形，如图 1.23 所示。单击工具箱中的"选择工具"按钮，选中该矩形，打开其属性窗口，如图 1.24 所示，修改其属性窗口中位置大小 X 为"0"，宽为"550"。

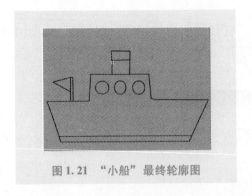

图 1.21 "小船"最终轮廓图

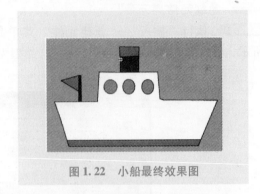

图 1.22 小船最终效果图

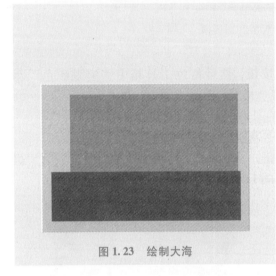

图 1.23 绘制大海

图 1.24 "大海"属性设置窗口

Step2 鼠标双击时间轴上的"图层1",将其重命名为"大海",并单击"锁定"按钮将图层锁定,如图 1.25 所示。

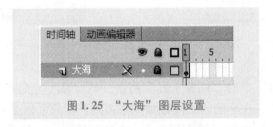

图 1.25 "大海"图层设置

 注意:锁定后的图层,位置和形状将不能够修改。

5. 制作动画

Step1 新建图层并重命名为"云朵",打开"库"面板,拖动元件"云朵"到舞台上,将其移动到合适的位置;再一次拖动元件"云朵"到舞台上,并放置到合适的位置。这时舞台上出现两朵云彩,使用"变形工具"调整它们的大小,其效果如图 1.26 所示。

图 1.26　放置云朵到舞台上的效果

Step2　新建图层并重命名为"小船"。打开"库"面板，拖动元件"小船"到舞台上。单击"小船"图层的 100 帧，单击鼠标右键，在弹出菜单中选择"插入关键帧"，并移动"小船"到舞台的最右边。用鼠标右键单击"小船"图层中 1～100 帧中间的任意帧，在弹出菜单中选择"创建传统补间"。

Step3　用鼠标右键单击"大海"图层的第 100 帧，在弹出的菜单中选择"插入帧"，插入普通帧；在"云朵"图层的第 100 帧处也插入普通帧。时间轴的具体设置如图 1.27 所示。

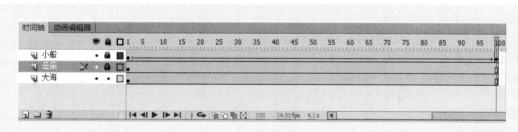

图 1.27　时间轴的具体设置

6. 测试、发布影片

Step1　执行"文件"→"保存"菜单命令，弹出保存文件对话框，在文件名处输入"小船的航行"，单击"保存"按钮将文件保存。注意此时保存的为扩展名为 .fla 的动画源文件。

Step2　动画完成后，可按【Enter】键测试动画在时间轴上的播放效果。执行"控制"→"测试场景"菜单命令，即可打开 Flash Player 播放测试影片，小船就会从舞台的左边行驶到右边。

Step3　执行"文件"→"测试场景"菜单命令，即可在源文件所在的位置生成扩展名为 .swf 和 .html 的影片文件。

【技术讲解】

1.3.1　文档属性的设置

新建一个 Flash 文档后，可利用"属性"面板设置动画的尺寸大小、帧频、背景颜色等属性。执行"窗口"→"属性"菜单命令，打开如图 1.28 所示的文档属性窗口。文档属性面板主要由"发布属性"、"文档基本属性"两部分组成。

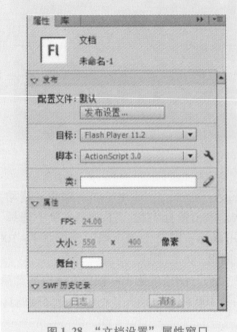

图 1.28 "文档设置"属性窗口

1. 发布属性设置

单击图 1.28 中的"发布设置…"按钮，即可打开图 1.29 所示的"发布设置"窗口。图中左边列表中列出的是 Flash 可以发布的所有文件类型，用户可以根据自己的需要选择文件的发布、输出类型。"目标"后面的下拉列表可以选择播放 Flash 文件的媒体播放器；"脚本"列表框可以选择脚本语言的版本及更高级的设置（将在第 7 章进行介绍）；"输出文件"文本框中可以修改输出文件的名称。

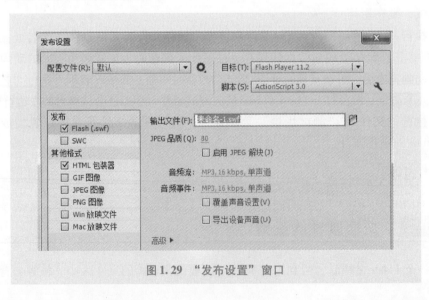

图 1.29 "发布设置"窗口

2. 文档基本属性设置

在图 1.28 中的基本属性设置区域内可以设置文档尺寸的大小，播放影片的速度（帧频即 FPS），单位为每秒多少帧，以及舞台的背景颜色。

1.3.2　帧的类型

在 Flash 制作过程中，使用帧来组织和控制文档的内容。不同的帧对应不同的时刻，画面随着时间的推移逐个出现，从而形成动画。帧是构成 Flash 动画的基本组成单位，它们控制着动画的时间和动画中各种动作的发生。动画中帧的数量及播放速度决定了动画的长度。帧分为关键帧、空白关键帧和普通帧。

1. 关键帧

制作动画过程中，在某一时刻需要定义对象的某种新状态，这个时刻所对应的帧称为关键帧，如图 1.30 所示。关键帧是变化的关键点，如补间动画的起点和终点，逐帧动画中的每一帧，都是关键帧。关键帧数目越多，文件体积就越大。所以同样内容的动画，逐帧动画的体积比补间动画大得多。关键帧在时间轴中以黑色实心小圆点表示，按【F6】键可以快速创建关键帧。

图 1.30　关键帧

 注意： 组成动画的关键要素是关键帧，一个动画至少有两个关键帧。

2. 空白关键帧

空白关键帧主要用于在画面和画面之间形成间隔，它是没有添加任何内容的关键帧，空白关键帧在时间轴上用空心的小圆圈表示，一旦在空白关键帧中创建了内容，它就会变成黑色小圆点，成为关键帧。按下【F7】键可以创建空白关键帧。

3. 普通帧

普通帧用于显示同一层上前一个关键帧的内容，并截止到下一个关键帧。它起着延长内容显示的作用，如图 1.30 所示在时间轴上普通帧以灰色表示，每一小格就是一帧。

普通帧也称为静态帧，在时间轴中显示为一个个矩形单元格。无内容的普通帧显示为空白单元格，有内容的普通帧显示出一定的颜色。关键帧后面的普通帧将继承该关键帧的内容。例如，制作动画背景就是将一个含有背景图案的关键帧的内容沿用到后面的帧上。选中帧按【F5】键可创建普通帧。如图 1.31 所示，背景"花丛"可以通过普通帧来延续到第 25 帧。

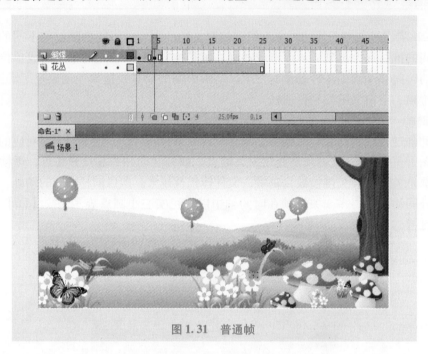

图 1.31　普通帧

⭐ 1.3.3　图层的基本操作

图层是 Flash 中一个非常重要的概念，灵活运用图层，可以帮助用户制作出更多精彩效果的动画。图层类似于一张透明的薄纸，每张纸上绘制着一些图形或文字，而一幅作品就是由许多张这样的薄纸叠合在一起形成的。它可以帮助用户组织文档中的插图，可以在图层上绘制和编辑对象，而不会影响其他图层上的对象。图 1.32 所示有 4 个图层，每一个图层上都有一幅图，每一个图层的内容互不影响。下面介绍图层的一些基本操作。

1. 新建和删除图层、重命名图层

（1）创建图层

如图 1.33 所示可以通过单击按钮"新建图层"创建新图层，系统会在一个图层的上面新建一个图层；也可以使用菜单"插入"→"时间轴"→"图层"命令来插入一个新图层。

（2）删除图层

如图 1.33 所示可以通过单击按钮"删除图层"删除选中的图层，也可以选中需要删除的图层，单击鼠标右键，在弹出的快捷菜单中选择"删除图层"命令。

（3）重命名图层

在时间轴的图层区域中直接双击要重命名的图层，使其进入编辑状态，在文本框中输入新的名称，单击其他图层或按【Enter】键确认即可。

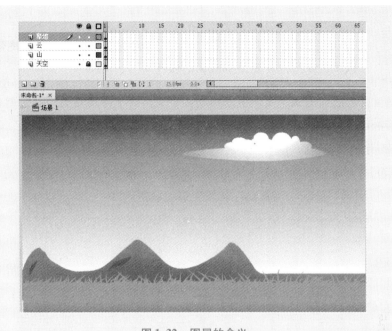

图 1.32　图层的含义

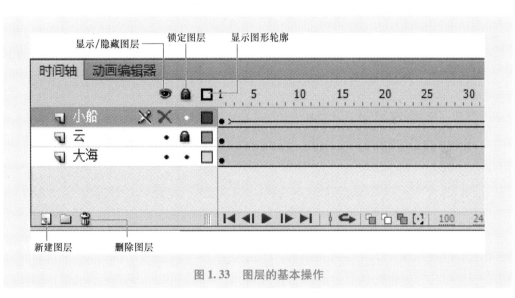

图 1.33　图层的基本操作

2. 隐藏、显示和锁定、解锁图层、显示图形轮廓

（1）隐藏和显示图层

如图 1.33 所示，单击图层区"眼睛图标"下方的小黑点图标，当小黑点图标变为"×"图标时，图层隐藏，此时不能对图层进行编辑；单击图标"×"，图标又变为小黑点图标，图层显示。

（2）锁定、解锁图层

如图 1.33 所示，单击 图标下方的小黑点图标，小黑点图标变为 图标，表示该图层处于锁定状态；再次单击 图标，变回小黑点图标，表示锁定解除。

（3）显示图形轮廓

如图 1.33 所示，单击图标"显示图形轮廓"下方的有色方框图标，该图层的图形将显示为图形轮廓；再次单击该图标，恢复到最初的模样。

★ 提示：图层好比透明的纸，上面图层的动画会遮挡住下面图层的动画，制作复杂动画时应注意图层上下位置的设置，以达到理想的效果。

第 2 章
图形绘制——动画制作的前奏

在 Flash 动画制作的第一步，就是创作动画形象。生动活泼、色彩鲜明的动画形象是一个动画成功的必要条件。Flash CS6 提供了强大的绘图功能，创作者可以使用其自带的工具轻松地绘制出所需要的动画形象。本章将主要介绍 Flash CS6 中各种矢量图形绘制工具的使用，熟练掌握这些工具的使用技巧，可快速地绘制出更多绚丽多姿的矢量图形。

学习要点

- 基本绘图工具的使用
- 图形的排列与组合
- 位图图像的导入与处理

CS6

2.1 Flash CS6 工具绘制图形概述

2.1.1 图形绘制概述

在 Flash 动画制作过程中，会大量地运用到矢量图形。虽然目前市场上有一系列功能强大的专门矢量图制作软件，如 Core 公司 CorelDraw 软件和 Adobe 公司的 Illustrator 软件等，但运用 Flash 自身的矢量绘图功能将会使动画制作更方便、更快捷。Flash CS6 提供了强大的绘图功能，创作者可以使用其自带的工具轻松地绘制出所需要的图形。

2.1.2 Flash CS6 绘图工具介绍

Flash CS6 提供的绘图工具按功能基本上可以分为 5 大类。

1. 选取工具

Flash CS6 提供的选取工具包括"部分选择工具"、"套索工具"和"选择工具"。利用这些工具可以在 Flash 的绘图工作区中选择图形元素，捕捉和调整图形的形状或者线条的局部形状。

2. 图形绘制工具

Flash CS6 提供的图形绘制工具可以分为两组：几何图形绘制工具（包括"线条工具"、"椭圆工具"和"矩形工具"）和手绘工具（包括"铅笔工具"、"钢笔工具"、"刷子工具"和"橡皮擦工具"）。几何工具主要用于几何图形的绘制，手绘工具可以实现接近于手绘的美术效果。

3. 颜色填充工具

Flash CS6 提供的颜色填充工具主要有"颜料桶工具"、"墨水瓶工具"、"滴管工具"和"Deco 工具"。颜料桶工具可以使用选择的填充颜色对选中区域进行颜色填充，墨水瓶工具是对笔触进行颜色填充的工具，吸管工具主要用于选取笔触或填充色，Deco 工具是 Flash CS6 中一种类似"喷涂刷"的快速填充工具。

4. 变形工具

Flash CS6 提供的变形工具包括"任意变形工具"、"渐变变形工具"和"3D 旋转工具"。"任意变形工具"可以对图形对象进行任意变形操作，"填充变形工具"用于调整线性填充和放射状填充以及位图填充的填充效果，"3D 旋转工具"可以对图形对象进行 3D 变化。

5. 文本工具

Flash CS6 提供的"文本工具"用于在图形中输入和编辑文字，并可灵活地按用户的需求显示精美的动态文字，达到图文并茂的效果。

2.1.3 绘制图形常用的操作技巧

本章在主要介绍绘图工具的使用方法之外，还将同时介绍在绘制图形过程中常用的一些

操作技巧，包括

1）如何选择、移动和复制图形。
2）如何排列多个图形。
3）如何对图形进行组合和打散。
4）如何导入位图。
5）如何将位图转换为矢量图形。
6）如何建立和使用元件。
7）如何新建和使用图层。
8）如何扩充填充、柔化填充边缘。

2.2 制作"鸡宝宝"卡通形象

【案例概述】

本案例使用"椭圆工具"和"铅笔工具"，配合"选择工具"和"颜料桶工具"绘制了一个"鸡宝宝"的卡通形象。通过本案例的学习，读者可以掌握使用"椭圆工具"、"直线工具"和"选择工具"的方法技巧，以及创建卡通形象的注意事项。

【实现过程】

1. 设置"文档属性"

启动 Adobe Flash CS6 后，新建一个文档，设置文档大小为 550×400 像素，背景为白色。执行"文件"→"保存"菜单命令，将新文档保存，命名为"鸡宝宝"，并保存。

2. 绘制"鸡宝宝"

Step1 单击工具箱中"椭圆工具"按钮，修改工具箱中"笔触颜色"为"黑色"（#000000），"填充颜色"为无，绘制一个 118×118 的正圆。然后按住【Ctrl】键，并用鼠标左键拖动复制一个正圆。最后单击"选择工具"，调整图形轮廓边线，其具体步骤如图 2.1 所示。

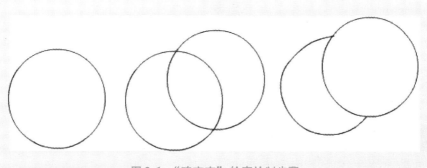

图 2.1 "鸡宝宝"轮廓绘制步骤

技巧：选择工具箱中的"选择工具"，将鼠标指针移动到线条上（注意：不能选中直线，且靠近的是非端点部位），指针右下角会变成弧线状。拖动鼠标，可以将直线变成曲线。按住【Shift】键拖动鼠标，可以绘制出一个正圆。

Step2 单击工具箱中"铅笔工具"按钮，并选择"平滑"模式，画出鸡宝宝的"尾巴"、"脚"和"嘴巴"轮廓，如图 2.2 所示。

Step3 单击工具箱中"椭圆工具"按钮，为"鸡宝宝"添上"眼睛"，然后在嘴巴的下方画几个不规则的椭圆，当作米粒。效果如图 2.3 所示。

图 2.2 "鸡宝宝"轮廓

图 2.3 完整的"鸡宝宝"轮廓

Step4 单击"颜料桶工具"按钮，修改工具箱中"填充颜色"为"黄色"（#FFFF00），给"鸡宝宝"的尾巴和身体填充颜色。修改"填充颜色"为"黑色"（#000000），为眼睛涂上黑色；修改"填充颜色"为"橘红色"（#FF6600），为嘴巴和脚填充颜色；修改工具箱中"填充颜色"为"#FF6633"，为米粒填充颜色；最后单击"刷子工具"，修改工具箱中"填充颜色"为黑色，在嘴巴上点上黑点，完成绘画。其效果如图 2.4 所示。

图 2.4 "鸡宝宝"卡通形象

【技术讲解】

 2.2.1 "椭圆工具"的使用

"椭圆工具"是用来绘制正圆或者椭圆形的工具。在工具箱内单击"椭圆工具"按钮，然后打开其"属性"面板，如图 2.5 所示。在面板中可以对"椭圆工具"的属性进行设置，单击"笔触颜色"按钮，可以设置椭圆的外框线颜色，单击"颜料桶工具"按钮，可以设置椭圆的填充颜色。最后将鼠标指针移入到舞台中，即可开始绘制椭圆。

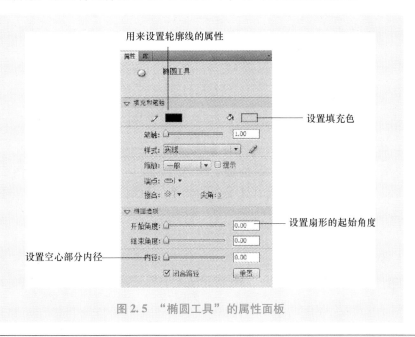

图 2.5　"椭圆工具"的属性面板

技巧：在绘制圆形时，按住【Alt】键可以绘制以单击点为圆心的椭圆。"椭圆工具"除了可以绘制椭圆之外，还可以绘制扇形、空心椭圆或者空心扇形，其属性设置方法如图 2.5 所示。

注意：Flash CS6 还提供了"基本椭圆工具"，它和"椭圆工具"最大的区别在于它可以实现扇形的自由绘制。

2.2.2　"铅笔工具"的使用

Flash 工具箱中的"铅笔工具"使用起来就像一支铅笔，不仅可以绘制直线，还能绘制任意形状的线条，并可以选择不同的绘画模式模拟真实铅笔的痕迹进行绘画。"铅笔"工具有三种绘图模式："伸直"、"平滑"和"墨水"绘图模式，如图 2.6 所示。"伸直"绘图模式适合绘制规则的线条，绘制的线条会转换为直线、椭圆、矩形等规则线条中最接近的一种线条。"平滑"绘图模式会自动将绘制的曲线转化为比较平滑的曲线，在对象轮廓的绘制方面比较有优势，而"墨水"绘图模式绘制出的线条接近于手画的线条。图 2.7 为三种模式分别呈现

图 2.6　铅笔工具的三种绘图模式

的效果图。

图 2.7　选择不同绘图模式所呈现的效果

选择"铅笔工具"后，打开"属性"面板，在面板中可以对"铅笔工具"的属性进行设置，如图 2.8 所示。单击"属性"面板上的"自定义"按钮，将弹出如图 2.9 所示"笔触样式"对话框。可以在此对话框中对线条的类型、粗细进行具体的设置，还提供了设置线条的预览效果。

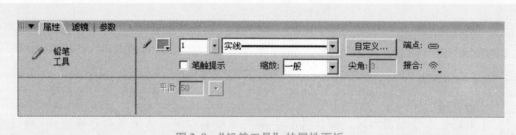

图 2.8　"铅笔工具"的属性面板

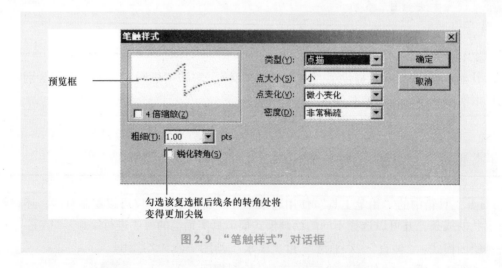

图 2.9　"笔触样式"对话框

☆ 2.2.3 "颜料桶工具"的使用

1. 颜料桶工具的作用

在绘制完物体的外观轮廓线之后，一般使用"颜料桶工具"填充颜色。在工具箱中选择"颜料桶工具"后，打开"属性"面板，如图 2.10 所示。然后选择要填充的颜色，接着将光标移动到要填充颜色的图形内部单击，即可完成图形的颜色填充。

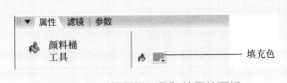

图 2.10 "颜料桶工具"的属性面板

 注意： "颜料桶工具"只能用于填充打散的线条图形。

2. 颜料桶工具的选项区

在单击"颜料桶工具"按钮后，选项区会出现两个按钮，即"空隙大小"和"锁定填充"按钮。

（1）空隙大小

单击"空隙大小"按钮，会产生一个如图 2.11 所示的下拉列表框。其中"不封闭空隙"模式表示在填充过程中要求图形边线完全封闭，如果边线有空隙，没有完全连接，就不能填充任何颜色；"封闭小空隙"模式表示在填充过程中计算机可以忽略一些线段之间的小空隙，可以进行颜色填充；"封闭中等空隙"模式表示在填充过程中可以忽略一些线段之间较大的空隙，并可以进行填充颜色。"封闭大空隙"模式表示在填充过程中可以忽略一些线段之间的大空隙，并可以进行颜色填充。

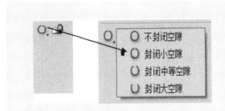

图2.11 "颜料桶工具"的 4 种填充模式

（2）锁定填充

单击"锁定填充"按钮后，能让填充的颜色可以相对于舞台锁定，"锁定填充"主要针对渐变颜色的填充进行设定，其效果如图 2.12 所示。

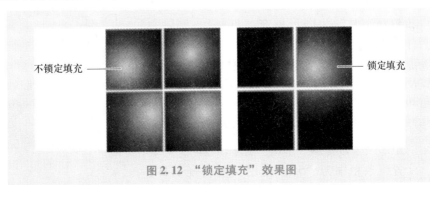

不锁定填充 ——　　　　　　　　　　　　　　—— 锁定填充

图 2.12 "锁定填充"效果图

2.3 制作"禁止吸烟"标志图

【案例概述】

本案例使用"椭圆工具"、"矩形工具"和"钢笔工具",配合"选择工具"和"颜料桶工具"制作了一个"禁止吸烟"的标志图。通过本案例的学习,读者可以掌握使用"钢笔工具"和"矩形工具"的方法技巧,以及绘制标志的注意事项。

【实现过程】

1. 设置"文档属性"

启动 Adobe Flash CS6 后,新建一个文档,设置文档大小为 550×400 像素,背景为白色。执行"文件"→"保存"菜单命令,将新文档进行保存,命名为"禁止吸烟"。

2. 绘制"禁止"符号

`Step1` 单击工具箱中"椭圆工具"按钮,笔触颜色设置为"黑色",填充颜色为无,按住【Shift】键,画出两个同心正圆,如图 2.13 所示。

`Step2` 单击工具箱中"矩形工具"按钮,笔触颜色设置为"黑色",填充颜色为无,并画出一个细长的矩形,放置在圆圈内,效果如图 2.14 所示。

图 2.13 绘制同心圆

图 2.14 绘制禁止符号

`Step3` 选中整个图形,执行"修改"→"分离"菜单命令,选择"颜料桶工具"为图形填充"红色",删除边线。选择"任意变形工具"按钮,再把鼠标指针移到方框的右上角,鼠标变成圆弧状,即可旋转矩形到如图 2.15 所示的角度。

3. 绘制"香烟"

`Step1` 使用"矩形工具"和"直线工具",画出如图 2.16 所示的矩形用来做香烟。单击"选择工具",调节香烟形状,设置线条粗细为"5",使用"颜料桶工具"

图 2.15 旋转图形

填充小矩形为黑色，效果如图 2.17 所示。

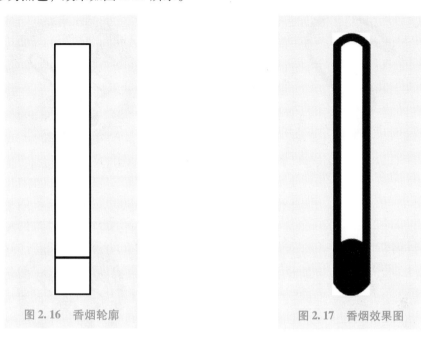

图 2.16　香烟轮廓　　　　　　　　　　图 2.17　香烟效果图

Step2　将画好的香烟放置在圆圈内。使用"任意变形工具"调节香烟到如图 2.18 所示的角度。

Step3　选择"钢笔工具"，在舞台上连续单击画出烟雾的直线轮廓，如图 2.19 所示。然后使用"选择工具"对轮廓进行调节，使轮廓变成如图 2.20 所示的平滑形状。

图 2.18　放置香烟

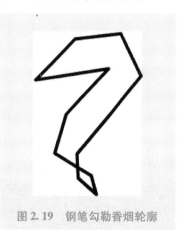

图 2.19　钢笔勾勒香烟轮廓

Step4　将烟雾放置在圆圈内如图 2.21 所示的位置。注意禁止标记应放在香烟和烟雾层之上，最后将它们全部选中按下【Ctrl + G】键进行组合。

　　4. 添加文字

Step1　选择工具箱中"矩形工具"按钮，打开属性窗口，其属性设置如图 2.22 所示，笔触设置为"5.0"，矩形选项设置为"30.00"，在红色标志外面绘制出如图 2.23 所示的圆角矩形。

图 2.20　平滑轮廓

图 2.21　禁止符号效果图

图 2.22　"矩形工具"属性设置

图 2.23　圆角矩形绘制效果

Step2　选择"文本工具"按钮，打开"属性"窗口，如图 2.24 所示，设置字符系列为"宋体"，颜色为"黑色"，字体大小为"40 点"，在图形下面输入"禁止吸烟"；设置字符系列为"Times New Roman"，样式为"Bold"，大小为"28.0 点"。效果如图 2.25 所示。

图 2.24　字体的设置

图 2.25　添加文本效果

【技术讲解】

2.3.1 "矩形工具"的使用

"矩形工具"可以绘制正方形、矩形和圆角矩形。用鼠标在默认的"矩形工具"下方的黑色小三角，在弹出的列表中还有多种工具选项，其中包括多角星形工具选项，利用多角星形工具可以绘制各种多边形和星形，如图2.26所示。

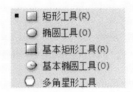

图 2.26 矩形工具和多角星形工具

1. 矩形和圆角矩形的绘制

单击"矩形工具"按钮后，在属性面板中选择合适的填充色、线条颜色、线宽及样式等，在舞台上单击并拖动，就可以绘制出一个矩形。

 技巧： 按住【Shift】键拖动，就可以绘制出一个正方形。如果绘制圆角矩形，可以修改"属性"面板中的"矩形选项"来设置圆角的大小，如"禁止吸烟"案例中的图2.23所示，数值越大，边角的半径越大。

2. 多角星形和多边形的绘制

选择工具箱中的"多角星形工具"，打开属性面板进行属性设置，如图2.27所示。单击属性面板上的"选项"按钮，打开"工具设置"对话框，在对话框中可以设置多角星形的属性，设置完后按住鼠标左键拖动，即可绘制需要的五角星。多角星形工具还可以设置"样式"为"多边形"，然后设置相关的边数和角度（顶点大小），就可以绘制出任意形状的多边形。

★ **提示：** 灵活使用"椭圆工具"、"矩形工具"和"多角星形工具"，可以绘制出各种各样的图形效果。

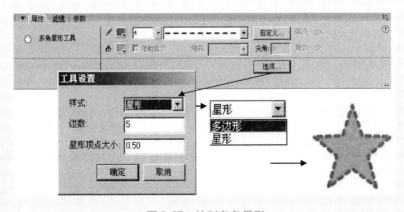

图 2.27 绘制多角星形

2.3.2 "钢笔工具" 的使用

使用"钢笔工具"可以绘制精确的线条，这些线条包括直线和曲线。使用钢笔工具绘制线条时会有一系列的线段和锚点，可以通过锚点来控制线段的曲率。

1. 绘制直线

简单地移动鼠标并连续单击就可以用"钢笔工具"绘制出一系列直线段。如图2.28所示，选中工具箱中"钢笔工具"按钮后，单击鼠标左键，就可以绘制出一个个锚点，单击起始节点，就可以形成封闭图形。

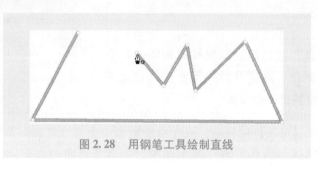

图 2.28　用钢笔工具绘制直线

> **注意：** 要结束钢笔绘制线条，可单击工具箱中除"钢笔"按钮之外的其他工具按钮，这时线条的颜色和样式就会显现出来。在空白处击鼠标右键，即可结束当前图形的绘制。

2. 绘制曲线

单击和拖动可以绘制出曲线，拖动的长度和方向决定了曲线的形状和宽度。如图2.29所示，当绘制第2个锚点时，单击鼠标左键并拖动，就出现了一个调节杆，继续按住鼠标左键可以任意方向拖动调节杆，直到得到满意的曲线位置。

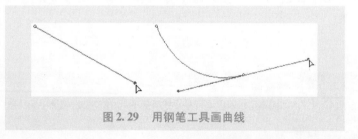

图 2.29　用钢笔工具画曲线

3. 钢笔的下拉菜单

使用鼠标单击"钢笔工具"按钮的小箭头时，会打开一个如图2.30所示的下拉菜单，分别为"添加锚点工具"、"删除锚点工具"和"转换锚点工具"。当单击选中"添加锚点工具"按钮后，光标移动到没有锚点的位置时，单击可以增加锚点。当单击选中"删除锚点工具"按钮后，将光标移动到锚点处，单击可以删除锚点。当单

> ■ ♦ 钢笔工具(P)
> ♦⁺ 添加锚点工具(=)
> ♦⁻ 删除锚点工具(-)
> ⅄ 转换锚点工具(C)

图 2.30　钢笔的下拉菜单

击选中"转换锚点工具"按钮后，单击并拖动锚点，可以改变曲率。

2.4 制作"一枝花朵"案例

【案例概述】

本案例为"一枝花朵"案例，案例主要使用"椭圆工具"、"直线工具"和"颜料桶工具"等制作，通过本案例的学习，读者主要可以掌握使用多种工具绘制图形的技巧，以及为图形填充渐变颜色的方法。

【实现过程】

1. 设置"文档属性"

启动 Adobe Flash CS6 后，新建一个文档，设置文档大小为 550×400 像素，背景为白色。执行"文件"→"保存"菜单命令，将新文档进行保存，命名为"一枝花朵"，并保存。

2. 绘制花朵

`Step1` 执行"插入"→"新建元件"菜单命令，打开"创建新元件"对话框，如图 2.31 所示，设置新元件的名称为"花朵"，类型为"图形"。

> **注意：** 元件可以包含图形、位图以及动画，还能使用动作脚本控制元件。元件在文件中只存储一次，却能无限次使用而不占用空间。元件可以随意更改，修改后应用此元件的动画会随之自动进行更改。

图 2.31 "创建新元件"对话框

`Step2` 选中图层 1，重命名为"花"，单击工具箱中"椭圆工具"按钮，笔触颜色设置为"黑色"，填充色设置为无，绘制一个 125×125 像素的正圆。按下【ALT】键在圆周上打 5 个节点，然后用黑箭头工具调整成花瓣形状。

执行"窗口"→"颜色"菜单命令，打开"颜色"面板，在"颜色"面板中单击"填充颜色"按钮，在"类型"下拉列表框中选择"放射状"选项。从左到右色标颜色分别设置为"#FFE7C4"、"#FFCC66"、"#FF6600"、"#FFCC66"，将"笔触颜色"设置为"无"，如图 2.32 所示为花朵填充颜色面板的设置。使用"颜料桶工具"为花朵填上颜色之后，可如图 2.33 所示，使用"渐变变形工具"调整花朵的填充效果。花朵的具体画法步骤如图 2.34 所示。

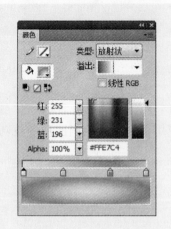

图 2.32 花朵填充"颜色"面板的设置

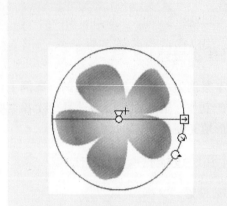

图 2.33 "渐变变形工具"调整花朵

图 2.34 花朵画法具体步骤

Step3 新建图层 2，重命名为"花脉"。单击"直线工具"按钮，笔触颜色设置为"#FF6600"，绘制花脉，并使用"选择工具"按钮调整其形状。

Step4 新建图层 3，重命名为"花蕊"。单击"铅笔工具"按钮，打开"颜色"属性面板，在"颜色"面板中单击"笔触颜色"按钮，在"类型"下拉列表框中选择"线性"选项，从左到右排列色标颜色为："#F4FCAD"、"#88B913"，绘制 8 条花心；最后单击"刷子工具"按钮，填充颜色设置为"#990033"。最后点上花蕊，绘制步骤如图 2.35 所示。

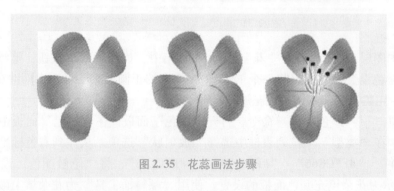

图 2.35 花蕊画法步骤

Step5 在场景 1 中，拖入"花朵"元件。新建一图层，重命名为"花杆"，在工作区内单击"线条工具"按钮，颜色设置为"#629218"，笔触属性设置为"3"，绘制花杆，然后使用"选择工具"调整成如图 2.36 所示形状，最后拖动"花杆"图层到"花朵"图层的下面。

Step6 新建一图层，重命名为"叶子"，使用"椭圆工具"画出两个细长椭圆，调整成树叶状，安放在适当位置，笔触颜色设置为"#629218"，填充颜色设置为"#006600"、#00FF33，填充类型为"线性填充"。其具体画法步骤如图 2.36 所示。

图 2.36 "一枝花朵"的画法步骤

【技术讲解】

2.4.1 "线条工具"的使用

"线条工具"可以用来绘制不同样式的直线，可以通过"属性"面板来设置线条的颜色、粗细和样式。其中，线条颜色的设置和"椭圆工具"里面轮廓线的颜色设置方法相同，可以拖动"笔触"后面的滑块来设置线条的粗细，也可以直接修改其后面文本框中的数值来设置。线条的样式可以通过选择"样式"下拉框中的不同选项实现。其具体的属性设置如图 2.37 所示。

技巧：在使用"线条工具"绘制直线时，按住【Shift】键可以绘制水平、竖直向上的直线，也可以绘制出倾斜 45°的直线。

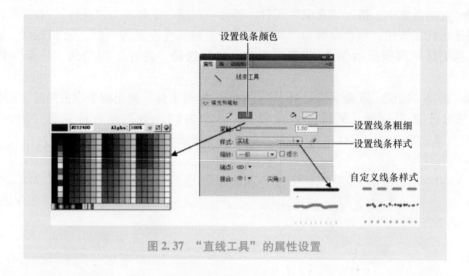

图 2.37 "直线工具"的属性设置

⭐ 2.4.2 "颜色"面板的使用

选择菜单"窗口"→"颜色"命令，即可打开"颜色"面板，该面板中有两个选项卡，即"颜色"和"样本"。

1. "样本"面板

单击"样本"选项卡，即切换到"样本"面板，如图 2.38 所示。"样本"面板中分为两部分，上面一部分显示的是单色色彩样本，下面一部分显示的是渐变色样本。单色色彩样本默认为 256 种，单击该面板右上侧的按钮，会弹出"样本"的快捷菜单。

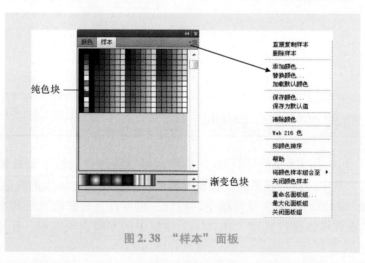

图 2.38 "样本"面板

使用"样本"面板的弹出菜单，可以对色彩样本进行删除、复制、保存等管理。几个主要的菜单命令说明如下：

1）直接复制样本：复制面板中选定的色彩样本，可以复制单色样本，也可以复制渐变样本。

2）删除样本：删除面板中选定的色彩样本，可以删除单色样本，也可以删除渐变样本。

3）添加颜色：选择此项时，将弹出"导入色彩样本"对话框，通过选择文件类型，可以从外部色彩文件或图像文件（.gif）导入色彩样本。此项操作对渐变色彩样本没有影响。

4）替换颜色：选择此项也可以从外部色彩文件或图像文件导入色彩样本，但导入时外部文件的色彩会替换掉原有的全部色彩样本。此项操作对渐变色彩样本没有影响。

5）保存颜色：把当前的色彩样本保存到文件（.clr）中。

6）保存为默认值：把当前色彩样本存储为默认色彩样本。

7）清除颜色：清除当前的色彩样本，只留下黑白两色。渐变色彩样本也仅留下黑白渐变色。

8）Web 216 色：颜色使用 RGB 模式表示有 256 种颜色，而 Web 只有 216 种颜色，这样占用内存低。如果你的 Flash 只是简单的动画，则可以使用 Web 安全色的中的颜色，让那些计算机配置低的用户也能欣赏到你的动画。

2. "颜色"面板

"颜色"面板是一个调配颜色的面板。如图 2.39 所示，在该面板中既可以设置线条颜色，也可以设置矢量图型的填充颜色，还可以设置颜色的透明度。在"类型"下拉列表框中，有"纯色"、"线性"、"放射状"和"位图"四种颜色填充样式可以选择，下面将对这四种填充样式进行详细介绍。

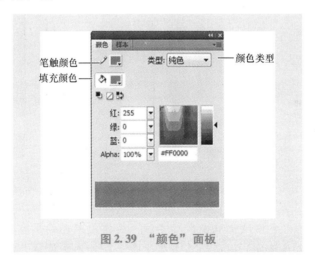

图 2.39　"颜色"面板

1）纯色填充。如果要对某个区域进行纯色填充，可以在"颜色"面板的"类型"下拉框中选择"纯色"选项，然后进行颜色设置。设置颜色时有三种方法，即通过输入 RGB 值及透明度来选择具体颜色；通过输入颜色的十六进制数值来选择具体的颜色；或者先选择色块，再选择明暗度来设置颜色，如图 2.40 所示。

 注意：颜色的透明度值越小，透明度越大；反之，透明度越小。

2）线性填充和放射状填充。在"颜色"面板中，可以从"类型"下拉框中选择"线性"或者"放射状"选项。此时面板如图 2.41 所示。其中的"溢出"选项，只有在选择"线性"和"放射状"选项时才会出现。用于当应用的渐变结束时，设定填充多余空间的方式。"溢出"共有 3 个选项，其效果图如图 2.42 所示。

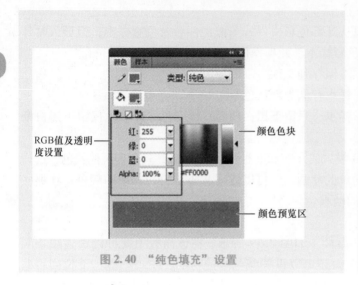

图 2.40 "纯色填充"设置

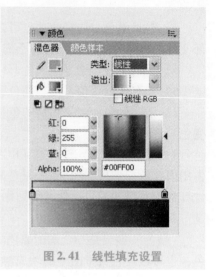

图 2.41 线性填充设置

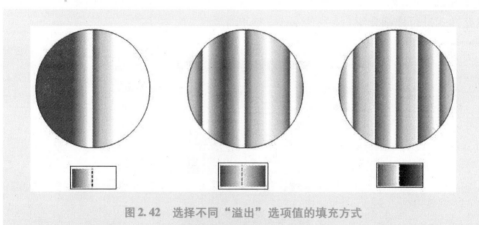

图 2.42 选择不同"溢出"选项值的填充方式

> **技巧**：直接在颜色滑块上双击鼠标左键，会弹出颜色设置窗口。这时可以从中选择颜色并用到该滑块。用鼠标单击渐变条，即可添加滑块。把不需要的滑块拖到远离渐变条的地方，即可删除该滑块。

3）位图填充。在 Flash 中，所有的矢量图形都可以使用位图来填充，其具体操作步骤如下：

Step1 使用"铅笔工具"，绘制一个心形图，如图 2.43 所示。然后打开"颜色"面板，选中"填充颜色"，设置其类型为"位图"，如图 2.44 所示。单击"导入..."按钮，打开"导入到库"对话框，如图 2.45 所示。选中要导入的位图，单击"打开"按钮即可。

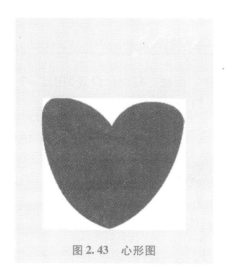

图 2.43　心形图

图 2.44　"颜色"面板设置

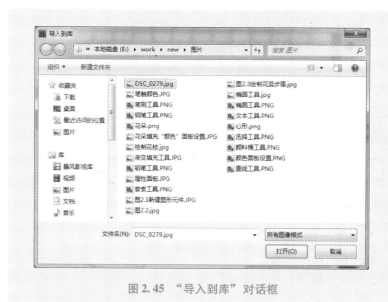

图 2.45　"导入到库"对话框

Step2 单击工具箱中"颜料桶工具"按钮，填充心形区域，填充效果如图 2.46 所示。

图 2.46　位图填充效果

⭐ 2.4.3 "墨水瓶工具"的使用

选择工具箱中的"墨水瓶工具"，然后打开"属性"面板，其属性设置如图 2.47 所示。Flash CS6 中墨水瓶工具可以改变线段的样式、粗细和颜色，墨水瓶工具还可以为矢量图形添加边线，但它本身不具备任何的绘画能力。

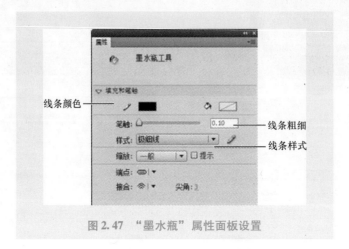

图 2.47 "墨水瓶"属性面板设置

注意：如果两条线段相交在一起，需要多次使用"墨水瓶工具"单击线段进行线段的更改。对于"组"、"图形元件"、"按钮"、"影片剪辑"首先确认图形和线段是可编辑状态，可以双击进入"组"或"元件"，确认线段能被修改，然后才能使用"墨水瓶工具"进行线段属性的更改。

技巧：如果要大面积快速更改线段颜色，只需要使用"选择工具"框选边线，在笔触颜色面板中对颜色进行设置。

2.5 制作"尚品月饼"网页广告

【案例概述】

本案例为"尚品月饼"网页广告案例，案例主要使用"文本工具"、"套索工具"和相关图片素材，通过本案例的学习，读者主要可以掌握使用文本工具、相关图片制作网页广告案例的技巧，以及素材处理的相关方法。其部分效果如图 2.48 所示。

图2.48　"尚品月饼"网页广告效果图

【实现过程】

1. 设置"文档属性"

启动 Adobe Flash CS6 后,新建一个文档,设置文档大小为 600×240 像素,背景为黑色。执行"文件"→"保存"菜单命令,将新文档保存,命名为"尚品月饼网页广告",并保存。

2. 导入文件、分离位图

Step1 执行"文件"→"导入"→"导入到库"菜单命令,在"导入到库"对话框中选择文件"背景.jpg"、"月饼.png",并打开。打开库面板,"背景.jpg"、"月饼.png"已经出现在元件库中。

Step2 新建元件"月饼",设置类型为"影片剪辑"。把"库"中"月饼.png"拖入元件中。执行"修改"→"分离"菜单命令使位图分离,用鼠标单击元件的空白处取消对图形的选择。选择工具箱中的"套索工具",按住鼠标左键圈选一个月饼图形的轮廓,鼠标拖动选中的图形到元件空白处,如图2.49 所示。然后删除剩余的图形,并取消对选中图形的选择。

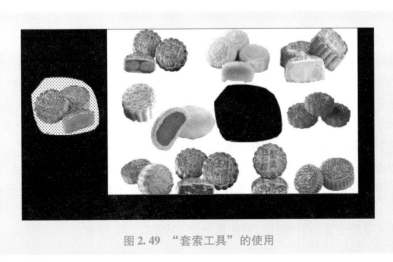

图2.49　"套索工具"的使用

Step3 选择工具箱中的"套索工具"，并选择选项区中的"魔术棒"按钮，在单击图片中多余的白色部分的任何一处，选中不要的边缘部分，按【Delete】键删除，如此单击再删除，直到边缘没有其他内容。当然，也可放大工作区，使用"橡皮擦工具"擦除多余的边缘部分。重新设置文档背景颜色为"白色"。

3. 制作"尚品工坊"元件

Step1 新建图形元件"尚品工坊"。选择工具箱中的"矩形工具"按钮，设置笔触颜色为"#952B15"，填充颜色为无。打开"属性"面板，如图 2.50 所示设置矩形选项的值。绘制3 个大小不一的圆角矩形。选中这 3 个圆角矩形，执行"窗口"→"对齐"菜单命令，打开对齐面板，单击"水平中齐"、"垂直中齐"按钮，使其中心对齐，然后使用颜料桶上色，其步骤如图 2.51 所示。

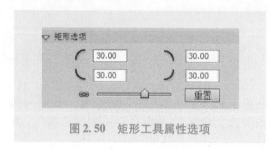

图 2.50 矩形工具属性选项

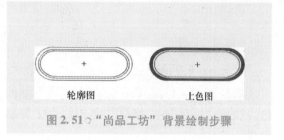

图 2.51 ○"尚品工坊"背景绘制步骤

Step2 新建一图层，重命名为"文字"。选择工具箱中的"文本工具"，打开"属性"面板，设置字符系列为"华文琥珀"，大小为 30 点，颜色为"#952B15"，在舞台上输入"尚品工坊"。执行"修改"→"分离"菜单命令，将文字分成单个文字对象，然后再执行一次分离命令。单击"墨水瓶工具"按钮，设置笔触颜色为"白色"。单击每个文字，使它们有描边的效果，如图 2.52 所示。

图 2.52 文字着色效果

  注意: 文本被打散后，文字变成图形，字体就不能被还原了。

4. 制作网页广告

Step1 切换选项卡到"场景 1"，设置文档的背景颜色为白色。重命名"图层 1"为"背景"。拖动"背景.jpg"到舞台上，打开"属性"面板设置其宽度为 600，高为 210，X 坐标为 0，Y 坐标为 0。选择工具箱中的"矩形工具"，设置"笔触颜色"为"无"，填充颜色为"黑色"，画一个无框的矩形。设置其宽度为 600，高为 30，X 坐标为 0，Y 坐标为 210。将图层"背景"锁定，其效果图如图 2.53 所示。

Step2 新建图层，重命名为"文字及图形"。选择工具箱中的"文本工具"，设置文字系列为"华文行楷"，大小为"60 点"，颜色为黄色，在舞台上输入"味浓情更浓"，选择中间的"情"字，将其大小设置为"80 点"。复制该文字，将字体颜色设置为"白色"。用键盘调整两部分文字的位置，并使其具有阴影效果，如图 2.54 所示。

图 2.53 背景图

图 2.54 阴影字效果

Step3 选择工具箱中的"文本工具",按上面的步骤输入相应文字,并设置合适的大小和文字类型。打开库面板,把元件"月饼"、"尚品工坊"拖到舞台上,调整其大小和位置,完成网页广告的制作。

【技术讲解】

2.5.1 图像的导入

Flash 能够识别各种矢量图和位图格式。可以将插图导入到当前文档的舞台中或导入到当前文档的库中,从而将插图放置到 Flash 中。也可以通过将位图粘贴到当前文档的舞台中来导入它们。所有直接导入到 Flash 文档中的位图,都会自动添加到该文档的库中。

执行菜单"文件"→"导入"→"导入到舞台"或者"文件"→"导入"→"导入到库"命令,在打开的对话框中选择要导入的位图,可以导入位图;执行"文件"→"导入"→"打开外部库"菜单命令可以导入其他 Flash 文件的元件。

⭐提示:导入到 Flash 的图形文件的像素大小至少为 2×2。若要一次导入多张图片,可以在选择图片时按【Shift】键(选择一组连续的文件)或者【Ctrl】键(选择一组非连续的文件)。

2.5.2 "套索工具"的使用

"套索工具"用于选择图形中的不规则形状区域。选中"套索工具"后，工具箱中的选项区会有 3 个功能按钮："魔术棒"按钮、"魔术棒设置"按钮和"多边形模式"按钮。

1）魔术棒。用于选取相近颜色的区域。在处理位图复杂色块时，显得非常有用。

2）魔术棒设置。单击套索工具的"魔术棒设置"按钮，可以打开"魔术棒设置"对话框如图 2.55 所示，它有两个设置选项："阈值"和"平滑"。

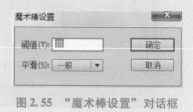

图 2.55　"魔术棒设置"对话框

"阈值"选项用于定义选取颜色的近似值，值越大，选取的临近颜色范围就越大，可以输入的值为 0～200。"平滑"选项用于指定选取范围边缘的平滑度，有像素、标准、粗略和平滑 4 种选项。

3）多边形模式。"多边形模式"选项用于对不规则图形进行比较精确的选取。在这种模式下，"套索工具"绘制出的是直线，每次单击鼠标，就会创建一个选择点，依照要选取的图形轮廓单击，就会绘制出一个多边形区域，双击鼠标，该区域即被选中。

注意：套索工具只对打散的图形有效。

2.5.3 "文本工具"的使用

文本工具是帮助用户输入文字的，在 Flash 中要制作图文并茂的动画，常常要输入文字。使用工具箱中的"文本工具"，经过简单的设置，就可以制作出漂亮的文本。

1. 输入文本

选择工具箱中的"文本工具"，将鼠标移至舞台中，单击后将出现一个文本框（或者按住鼠标左键拖出一个文本框），在文本框中输入文字，输入完毕后单击文本框外的任意空白处，文本框消失，这样即可完成文字的编辑。

2. 文本的属性面板设置

文本的大小、颜色、字体等样式可以通过"文本工具"的"属性"面板进行设置。如图 2.56所示，"文本工具"的属性面板可以分为"文本类型"、"字符"、"段落"三个区域。

Flash 中常用的文本类型有静态文本、动态文

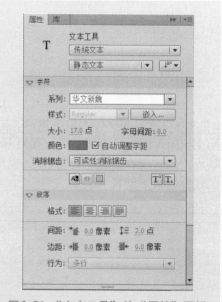

图 2.56　"文本工具"的"属性"面板

本和输入文本。默认的文本类型为"静态文本"，在动画中这种文本一旦设置好内容和外观，在动画中是没有任何变化的；"动态文本"在播放时可以动态更新文本的内容，这种功能一般通过代码实现；"输入文本"可以在动画播放时接收用户的输入，可以用来实现人机交互的功能。

　　Flash 中的文本的字符类型、大小、颜色、间距等属性都在字符样式区域内设置。段落区域可以设置多段文字的段落属性。

45

> ★提示：对于系统中没有的字体，需要先安装在系统中。在"控制面板"中双击"字体"选项，打开字体窗口，在该窗口中执行"文件"→"安装新字体"菜单命令，打开"添加字体"对话框，然后选择需要安装的新字体进行安装。

2.5.4　"橡皮擦工具"的使用

　　"橡皮擦工具"用于擦除不需要的部分，通过选择不同的模式，可以用来擦除矢量图形的线条、填充颜色或者两部分同时擦除。

　　如图 2.57 所示，在"橡皮擦工具"的"选项区"，有"橡皮擦模式"、"水龙头"和"橡皮擦形状"三个按钮。单击选项区的"橡皮擦形状"按钮，可以改变橡皮擦的大小和形状，如图 2.58 所示。

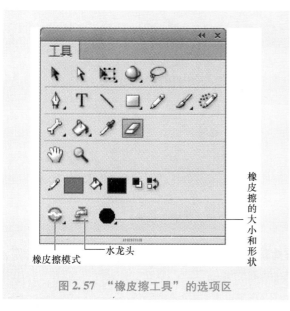

图 2.57　"橡皮擦工具"的选项区

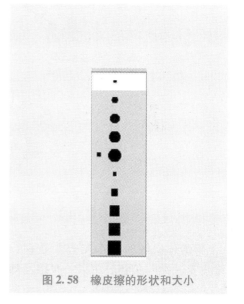

图 2.58　橡皮擦的形状和大小

　　如图 2.59 所示单击选项区的"橡皮擦模式"按钮，将会看得到共有 5 种擦除模式。其功能如图 2.60 所示。在"标准擦除"模式下，可以擦除舞台上任意图形的线条和填充。在"擦除填色"模式下，仅可擦除矢量图填充的内容，线条不受影响。在"擦除线条"模式下，仅可擦除矢量图的线条，填充的内容不受影响。在"擦除所选填充"模式下，仅可擦除选中区域内的填充。在"内部擦除"模式下，仅可擦除单击所在区域的填充内容，如果起点为空白，则不会擦除任何内容。

图 2.59 "橡皮擦工具"的 5 种擦除模式

图 2.60 "橡皮擦工具"的 5 种擦除模式的擦除效果

单击选项区的"水龙头"按钮，可以擦除不需要的填充或者边线内容。另外，双击"橡皮擦工具"按钮，可以一次擦除舞台中的所有对象。

2.6 综合项目——"开心六一"电子贺卡的制作

【案例概述】

本案例为"开心六一"电子贺卡案例。动画案例主要通过卡通动物、花朵、气球和闪烁的星的绘制来传达欢快、愉悦的心情，效果图如图 2.61 所示。

图 2.61 "开心六一"电子贺卡效果图

【实现过程】

1. 设置"文档属性"

启动 Adobe Flash CS6 后，新建一个文档，设置文档大小为 600×400 像素，背景色为白色。执行"文件"→"保存"菜单命令，将新文档保存，命名为"开心六一电子贺卡"，并保存。

2. 绘制卡通动物

Step1 绘制"卡通猫"。创建图形元件"卡通猫"。使用"椭圆工具"、"铅笔工具"配合"选择工具"绘制卡通猫的轮廓图，使用"颜料桶工具"为卡通猫上色。其步骤如图 2.62 所示。

a)卡通猫轮廓图   b)卡通猫上色图

图 2.62 卡通猫绘制步骤

Step2 绘制"卡通兔"。创建图形元件"卡通兔"。使用"椭圆工具"、"铅笔工具"配合

"选择工具"绘制卡通图的轮廓图,使用"颜料桶工具"为卡通兔上色。

3. 绘制花朵

Step1 绘制花束。新建图形元件"花枝",参照 2.4 节中的案例绘制一枝花。新建图形元件"花束"。把图形元件"花枝"从"库"中拖动到舞台中央,照此方法再连续拖动两次。使用"变形工具",将花枝调整成大小不一的样子,也可调整花枝的变形中心,并对其方向进行旋转,其步骤如图 2.63 所示。

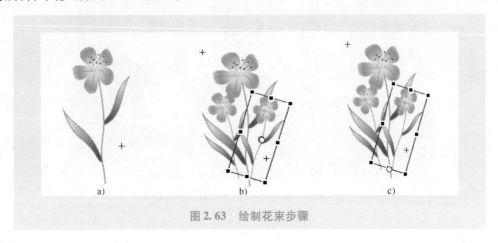

图 2.63 绘制花束步骤

Step2 绘制花朵。新建图形元件"紫花"。使用"椭圆工具",设置笔触颜色为"无",填充颜色为"紫色",绘制一个花瓣。选中工具箱中的"任意变形工具",单击花瓣,调整变形中心到花瓣的底端。执行"窗口"→"变形"菜单命令,打开如图 2.64 所示"变形"面板,在"变形"面板的"旋转"项中输入"60°",单击"复制并应用变形"按钮 5 次。最后使用"椭圆工具",设置笔触颜色为"无",填充颜色为"黄色",在花朵中间绘制一个圆形作为花蕊。其具体步骤如图 2.65 所示。

图 2.64 "变形"面板设置

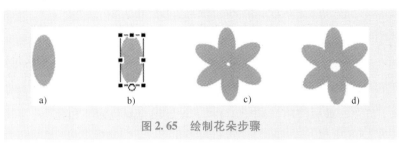

图 2.65　绘制花朵步骤

Step3　复制元件。打开"库"面板，用鼠标右键单击"紫花"元件，选择"直接复制…"选项，打开"直接复制元件"窗口，如图 2.66 所示。修改名称为"粉花"，单击"确定"按钮。打开"粉花"元件，修改其中花瓣的颜色为"粉色"。依照此办法依次复制黄花、蓝花元件。

图 2.66　直接复制元件窗口

4. 绘制亮光

Step1　绘制五角星亮光。新建影片剪辑元件"五角星亮光"，选中工具箱中的"多角星形工具"，设置笔触颜色为"无"，填充颜色为"白色"。打开"属性"面板，如图 2.67 所示，在"工具设置"选项中单击"选项…"按钮，打开"工具设置"窗口，设置样式为"星形"，边数为"5"。在舞台上绘制一个五角星，分别在第 3 帧、第 5 帧插入关键帧，选中第 3 帧。修改五角星的颜色为"黄色"。

图 2.67　"多角星形"属性设置

Step2 绘制亮光。新建图形元件"亮光"。选中工具箱中的"椭圆工具",设置笔触颜色为"无",填充颜色为"白色",在舞台中央绘制一个直径为"10"的正圆。

5. 绘制气球

Step1 新建图形元件"红气球",选择工具箱中的"椭圆工具",设置笔触颜色为"#B10148",填充颜色为"无",配合铅笔工具绘制出气球的轮廓,然后使用"颜料桶工具"给气球涂上红色,最后使用"刷子工具",设置填充颜色为"白色",为气球画上亮光,其具体步骤如图2.68所示。

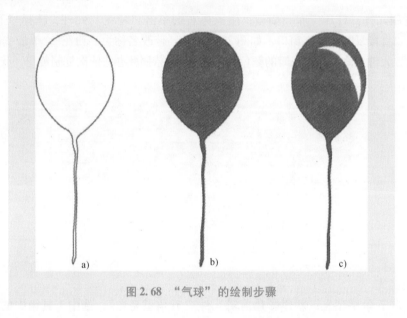

图2.68 "气球"的绘制步骤

Step2 直接复制元件"红气球"为"绿气球",更改颜色设置。按此方法创建元件"黄气球"、"紫气球"。

6. 绘制背景

Step1 单击"时间轴"面板上的"场景"按钮,回到主场景。选择工具箱中的"矩形工具",设置笔触颜色为"黑色",填充颜色为"无",在舞台中央绘制一个尺寸为"600×400"的矩形,再使用"铅笔工具",选择"平滑"模式,绘制出如图2.69所示的背景轮廓。然后使用"颜料桶工具"为天空填充纯色"#94CAE6",对草地进行线性样式填充,色块设置依次为"#D1E301"、"#81C226"和"#38AA3B"。选择"墨水瓶工具",打开"属性"面板,设置笔触颜色值为"#9DCD18",设置"笔触"大小为"10",单击"笔触设置"按钮,在"笔触样式"窗口中设置"类型"为"斑马线","粗细"为"粗","间隔"为"非常远","微动"为"强烈",其设置值如图2.70所示,最后对草地边缘进行上色,使其边缘具有小草的效果,最终效果如图2.69b所示。

Step2 重命名"图层1"为"天空",选中草地部分,单击鼠标右键,在弹出菜单中选择"转化为元件…",在弹出窗口中的"名称"文本框中输入"草地",创建图形元件"草地"。用鼠标右键单击图层"天空"中的"草地"元件,在弹出的菜单中选择"剪切"选项,新建图层"草地",在舞台空白处单击鼠标右键,在弹出的菜单中选择"粘贴到当前位置",这样把天空和草地的绘制分别放置在不同的图层中。

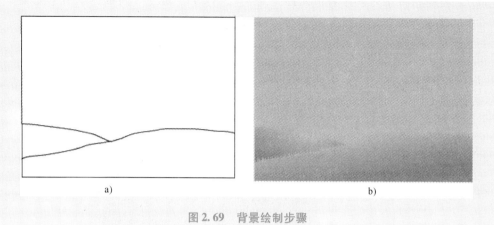

图 2.69　背景绘制步骤

图 2.70　草地边缘颜色属性设置

Step3 新建图层，重命名为"绿树"。选择"椭圆工具"，激活对象绘制按钮，设置笔触颜色为"无"，填充颜色为"绿色"，在草地和天空相接之处绘制一系列大小不一的相交圆形，让其高低错落有致，如图 2.71 所示，最后按【Ctrl + B】键将图形打散，删除超出背景

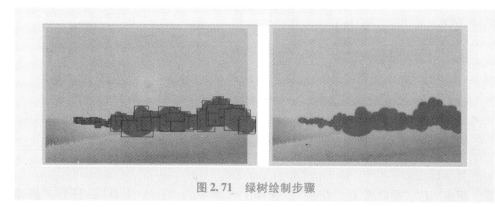

图 2.71　绿树绘制步骤

外的部分。将绿树转化为影片剪辑元件"绿树",打开"属性"面板,单击"滤镜"选项中的"添加滤镜"按钮,如图 2.72 所示,为元件"绿树"添加"发光"效果。

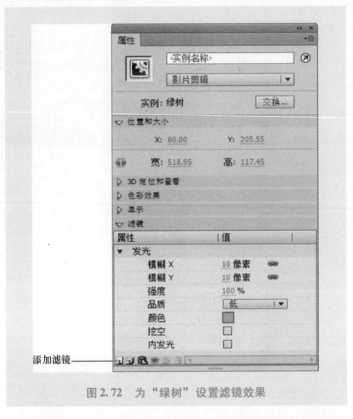

图 2.72　为"绿树"设置滤镜效果

Step4　新建图层,重命名为"白云"。依照绿树的方法绘制白云,添加滤镜效果,并调整图层顺序,如图 2.73 所示。

a) 时间轴设置顺序　　　　　　b)背景绘制效果图

图 2.73　背景图层的设置顺序及绘制效果图

7. 放置卡通元素

Step1　新建图层,重命名为"花朵"。选择工具箱中的"Deco 工具",打开"属性"面板，如图 2.74 所示，在"绘制效果"选项处选择"3D 刷子"，单击"编辑…"按钮，弹出"选择元件"对话框，依次选择"粉花"、"黄花"、"蓝花"和"紫花"，在"高级选项"中设置最大对象数为"500"，在舞台上按住鼠标左键拖动完成花朵的喷绘。

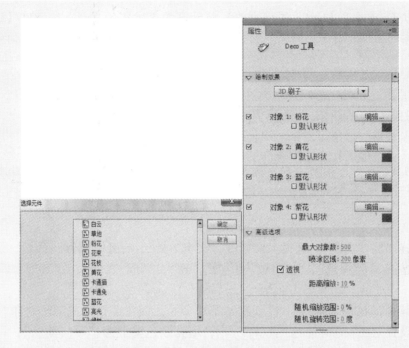

图 2.74　"Deco 工具"绘制花朵属性设置

Step2 新建图层，重命名为"亮光"。依照上述方法，使用"Deco 工具"，设置"绘制效果"的绘制对象为亮点和五角星亮光，在天空处完成亮光的喷绘。其效果如图 2.75 所示。

图 2.75　Deco 工具绘制效果

Step3 新建图层"花束"。打开"库"面板，拖动元件"花束"到舞台上，选中"花束"元件，按住【Ctrl】键，拖动鼠标左键，依次复制出 3 个花束。使用"变形工具"分别对它们的大小进行调整，并放置到舞台上合适的位置上。

Step4 新建图层"气球"。打开"库"面板，拖动不同颜色的"气球"到舞台上，使用"变形工具"分别对它们进行大小的调整，放置到舞台上合适的位置上。

⭐ 提示：在 Flash 中，【Ctrl + 鼠标左键】拖动可实现对象的复制。组合键【Ctrl + D】可实现对象的错位复制。

Step5 新建图层"动物"。打开"库"面板，拖动元件"卡通猫"、"卡通兔"到舞台上，使用"变形工具"分别对它们进行大小的调整，放置到舞台上合适的位置上。复制一个"卡通猫"对象，选中该对象，执行"修改"→"变形"→"水平翻转"菜单命令，复制出一个对称的"卡通猫"形象。

⭐ 提示：在 Flash 中可借助"水平翻转"菜单命令，实现水平对称图形的绘制，借助"垂直翻转"菜单命令，可复制出一个垂直对称图形的绘制，譬如倒影。

8. 设置文字

Step1 新建图层"文字"。选择工具箱中"文本工具"，打开"属性"面板，设置文字系列为"青鸟华光简胖头鱼"，大小为"60 点"，输入"开心六一"，在其下方输入"快乐做主"。

Step2 连续两次执行"修改"→"分离"菜单命令，使文字打散成图形对象。打开"颜色"面板，设置笔触颜色为纯色"#FFFF99"，填充颜色类型为"径向渐变"，设置色块依次为"#DC177A"、"#FFFFFF"，使用"墨水瓶工具"为文字描边，"颜料桶工具"为文字上色。其效果如图 2.76 所示。

图 2.76　文字的绘制效果

9. 测试动画效果

至此动画已全部完成，按组合键【Ctrl + Enter】测试动画效果，确认无误后保存文档。

【技术讲解】

⭐ 2.6.1 "Deco 工具"的使用

"Deco 工具"是 Flash 中一种可以实现喷涂填充工具，使用 Deco 工具可以快速完成大量相同元素的绘制，也可以应用它制作出很多复杂的动画效果。将其与图形元件和影片剪辑元件配合，可以制作出效果更加丰富的动画效果。

在 Flash CS6 中总共提供了 13 种绘制效果，包括藤蔓式填充、网格填充、对称刷子、3D 刷子、建筑物刷子、装饰性刷子、火焰动画、火焰刷子、花刷子、闪电刷子、粒子系统、烟动画和树刷子。下面简单介绍其中 4 种常用的绘制效果。

1. 藤蔓式填充

利用藤蔓式填充效果，可以用藤蔓式图案填充舞台、元件或封闭区域。通过从库中选择元件，可以替换叶子和花朵的插图。其默认形状填充效果如图 2.77 所示。

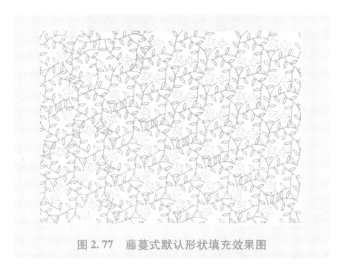

图 2.77　藤蔓式默认形状填充效果图

2. 网格填充

网格填充可以把基本图形元素复制，并有序地排列到整个舞台上，产生类似壁纸的效果。图 2.78 所示为一个花朵元件和一个默认图形进行网格填充的效果图。

图 2.78　网格填充效果图

3. 3D 刷子

通过 3D 刷子效果，可以在舞台上实现元件随机喷涂的效果，并且具有 3D 透视效果。这个效果在案例中已经应用，这里不再举例。

4. 建筑物刷子

通过使用建筑物刷子效果，可以在舞台上绘制建筑物。建筑物的外观取决于为建筑物属性选择的值。图 2.79 所示为建筑刷子绘制的建筑效果图。

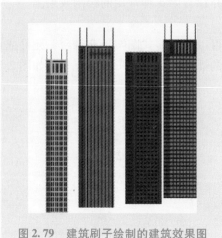

图 2.79　建筑刷子绘制的建筑效果图

2.6.2 "任意变形工具"的使用

使用"任意变形工具"可以对图形进行缩放、旋转、倾斜、翻转、透视、封套等变形操作，进行变形的对象既可以是矢量图形也可以是位图或文字。

使用"任意变形工具"的具体方法如下：

1. 选择对象

在工具箱中选择"任意变形工具"，它在工具箱中的选项区，有 5 个选项，如图 2.80 所示。在舞台上用鼠标单击需要编辑的对象，对象就处于被选中的状态，其周围会出现控制框和 8 个控制点，如图 2.81 所示。

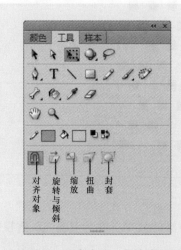

图 2.80　任意变形工具的选项区

图 2.81　任意变形工具选中状态

2. 旋转与倾斜

将鼠标移至线框的四角时，当指针变为"旋转"形状时，拖动鼠标，可将图形进行旋转。将鼠标移至边框线上时，指针会随之改变，拖动鼠标可进行倾斜操作，如图 2.82 所示。

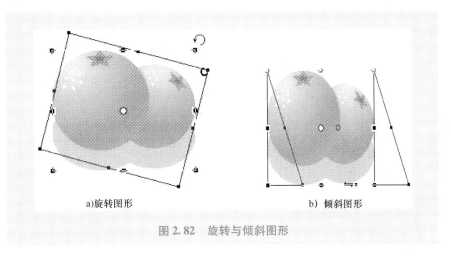

a)旋转图形　　　　　　　　　　　　b) 倾斜图形

图 2.82　旋转与倾斜图形

> **注意**：用任意变形工具选择了对象后，对象中心会出现一个形状为圆圈的控制点，调整这个控制点，可以改变对象的旋转中心。

3. 缩放对象

将鼠标光标移到控制框四角的控制点上，光标变为"↘"或者"↗"形状时，按住鼠标左键向图形内部拖动，可缩小图形；向外拖动可放大图形。如图 2.83 所示。将光标移到控制框四边的控制点上，当光标变为"↔"或者"↕"形状时，按住鼠标左键拖动水平或者垂直方向的控制点，可改变图形在水平或者垂直方向上的大小。

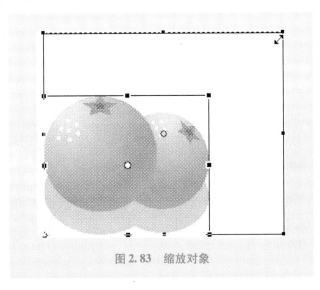

图 2.83　缩放对象

4. 扭曲

选择需要变形的对象，用鼠标单击工具箱选项区的"扭曲"按钮，拖动鼠标，可进行扭曲操作，如图 2.84 所示。

5. 封套

选择需要变形的对象，鼠标单击工具箱选项区的"封套"按钮，图形进入封套状态，控制框周围会出现一系列变形点，用鼠标拖动变形点或者切线手柄，可进行封套操作，如图 2.85 所示。

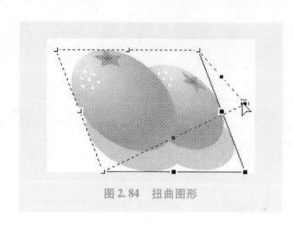

图 2.84　扭曲图形

图 2.85　对图形进行封套操作

⭐ **提示：** 要结束变形操作，单击舞台空白区域即可。

2.6.3　"渐变变形工具"的使用

"渐变变形工具"可用来调整渐变色填充和位图填充的效果，如所填颜色的范围、方向和角度等。

1. 渐变色填充

渐变色填充分为线性渐变和径向渐变（也叫放射状渐变）两种。对于不同的渐变方式，填充变形工具有不同的调整方法。先用鼠标单击"渐变变形工具"，再用鼠标单击线形渐变区域，图形的外围会显示渐变中心点、渐变方向控制柄和渐变范围控制柄。拖动控制柄或者移动控制点会出现不同的颜色填充效果，如图 2.86 所示。图 2.87 径向填充渐变区域产生的渐变中心点和相关控制柄，调整变形点或者拖动控制柄会出现不同的填充效果，图 2.88 为径向填充几种不同的效果图。

2. 位图填充

在对图形进行了位图填充之后，再选择"渐变变形工具"，并在填充好的位图上单击鼠标左键，会出现位图填充调节框，效果如图 2.89 所示。利用调节框可对位图进行调整，其基本用法与渐变填充的方法一样。

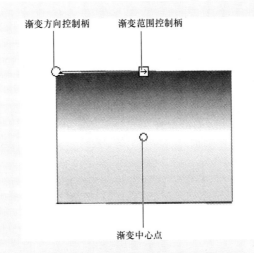

图 2.86 线性填充的渐变中心和控制柄

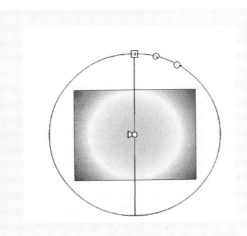

图 2.87 径向填充的渐变中心和控制柄

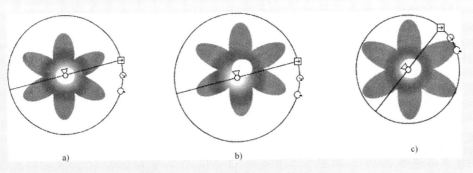

a) b) c)

图 2.88 为径向填充几种不同的效果图

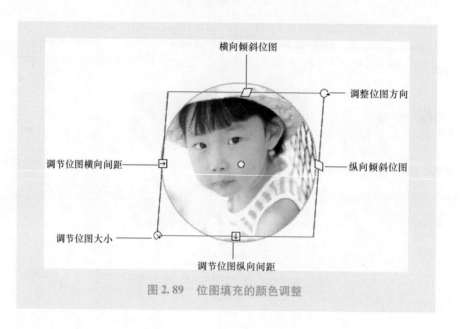

图 2.89　位图填充的颜色调整

标注文字：
横向倾斜位图
调整位图方向
调节位图横向间距
纵向倾斜位图
调节位图大小
调节位图纵向间距

⭐ 2.6.4　"设计"面板的使用

"设计"面板主要用来编辑舞台上选定的对象，包括"对齐"、"变形"和"信息"三个面板。这三个面板在动画的制作过程中会经常用到。

1. "对齐"面板

执行"窗口"→"对齐"菜单命令，或者使用组合键【Ctrl + K】可以打开"对齐"面板。如图 2.90 所示，对齐面板可以调整选定对象的对齐（左对齐、水平中齐、右对齐、上对齐、垂直中齐和底对齐）和分布方式。单击"相对于舞台"按钮后，可以选定对象相对于舞台进行对齐和分布。

2. "变形"面板

执行"窗口"→"变形"菜单命令，或者使用组合键【Ctrl + T】可以打开"变形"面板，"变形"面板可以对选定对象执行缩放、旋转、倾斜和创建副本的操作。如图 2.91 所示，"变形"面板分为三个区域：最上面的是缩放区，可以输入"垂直"和"水平"缩放的百分比值，选中"约束"复选框，可以使对象按原来的长宽比例进行缩放；中间区域是旋转单选框，选中它后可以输入旋转角度，

图 2.90　"对齐"面板

使对象旋转；最下面的是倾斜单选框，选中它后可通过输入"水平"和"垂直"角度来倾斜对象。单击面板下方的"复制并应用变形"按钮，可执行变形操作并且复制对象的副本；单击"重置"，可恢复至上一步的变形操作。

3. "信息"面板

在"信息"面板中可以查看或者修改舞台上对象的宽度、高度，查看或者更改舞台上对象的位置，如图 2.92 所示。

图 2.91 "变形"面板

图 2.92 "信息"面板

第3章
逐帧动画制作
——精雕细琢见功效

逐帧动画是一种常见的动画形式，其原理是在"连续的关键帧"中分解动画动作，也就是在时间轴的每帧上逐帧绘制不同的内容，使其连续播放而成为动画。

学习要点

- 逐帧动画的原理
- 逐帧动画的制作步骤

CS6

3.1　逐帧动画的特点

因为逐帧动画的帧序列内容不一样，不但给制作增加了负担而且最终输出的文件量也很大，但它的优势也很明显：逐帧动画具有非常大的灵活性，几乎可以表现任何想表现的内容，且类似于电影的播放模式，很适合表演细腻的动画。例如，人物或动物的急剧转身、头发及衣服的飘动、走路、说话以及精致的 3D 效果等。

3.2　"海尔新春送大礼"商业广告

【案例概述】

本案例使用"逐帧动画"技术制作了一个"新春送大礼"商业广告。通过本案例的学习，读者主要可以掌握什么是"逐帧动画"，掌握通过导入图像序列的方法制作"逐帧动画"，及创建逐帧动画的步骤。其部分效果如图 3.1 所示。

图 3.1　"海尔新春送大礼"动画的某一个画面

【实现过程】

1. 设置"文档属性"

启动 Adobe Flash CS6 后，新建一个文档，选择动作脚本为 ActionScript 2.0。设置文档大小为 680×400 像素，帧频为 24。执行"文件"→"保存"菜单命令，将新文档保存，命名为"海尔新春送大礼"，并保存。

2. 制作动画

`Step1` 将"海尔新春送大礼"素材文件下的所有图片导入到文档的库中，如图 3.2 所示。

Step2 将"图层1"重命名为"背景",将库中的"背景.jpg"拖到"背景"图层第1帧的舞台上。选中舞台上的位图,打开"属性"面板,设置该位图的大小和位置,其中宽为680,高为400,X为0,Y为0,如图3.3所示。

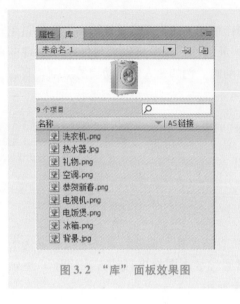

图3.2 "库"面板效果图

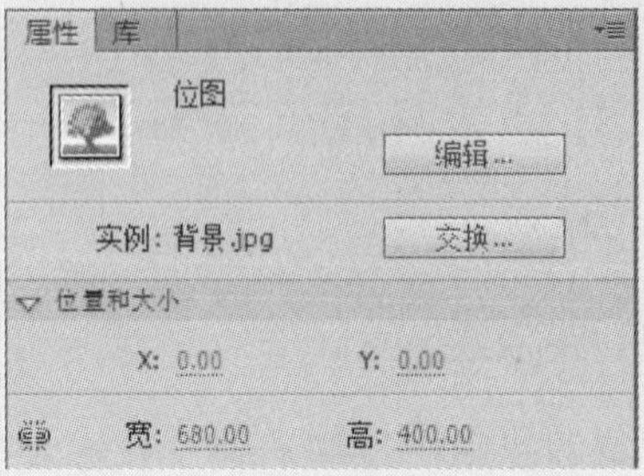

图3.3 "属性"面板的设置效果

Step3 执行"插入"→"新建元件"菜单命令,打开"创建新元件"对话框,设置元件名称为"矩形",元件类型为"影片剪辑",如图3.4所示,设置完成后单击"确定"按钮。

图3.4 "创建新元件"对话框设置效果

Step4 进入"矩形"元件编辑状态,如图3.5所示,在舞台上绘制一个矩形,颜色为红色(#CC0000),大小任意,X和Y的值均为0。

Step5 单击舞台左上角的"场景1",回到"场景1"的编辑状态,在"背景"图层上面新建一个图层,重命名为"红色矩形块",将"矩形"元件拖到该图层第1帧的舞台上,调整"矩形"元件的大小和位置,让其能覆盖整个舞台,选中"矩形"元件实例,在"属性"面板上,设置色彩效果样式为"Alpha",并设置Alpha值为55%,如图3.6所示。在"红色矩

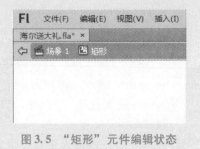

图3.5 "矩形"元件编辑状态

形块"图层的第 8 帧处单击鼠标右键，在弹出的快捷菜单中选择"插入关键帧"，然后调整舞台上的"矩形"元件实例，设置其宽度为 395，高度为 250，X 为 21，Y 为 148。单击该图层第 1 至第 8 帧之间的任意一帧，执行"插入"→"传统补间"菜单命令，即创建了一个传统补间动画，从而实现了矩形的缩小。其中时间轴的效果如图 3.7 所示。

图 3.6　设置"矩形"元件
实例的 Alpha 值

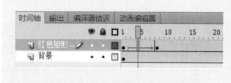

图 3.7　"红色矩形块"图层的
传统补间动画效果

Step6 新建一个图形元件"新春"，进入元件编辑状态，把库中的"恭贺新春"图片拖放到舞台上，然后按组合键【CTRL + B】（或者执行"修改"→"分离"菜单命令），将位图分离，然后把"恭贺"两个字删除，只保留"新春"两个字，利用墨水瓶工具给"新春"两个字添加黑色边框线，最终效果如图 3.8 所示。

图 3.8　"新春"两个字的效果图

技巧：删除"恭贺"两个字时，期初可以先使用选择工具选中"恭贺"两个字的大部分，然后按键盘上的【Delete】键，在和"新春"两个字接近的部分，可以使用橡皮擦工具擦除。

Step7 回到"场景 1"，在"红色矩形块"图层上方新建一个图层，重命名为"文本"，在图层上放置文本"海尔网上商城"，字体大小为 26，颜色为黄色，字体为华文楷体，X 为 498，Y 为 15。再放置文本"送大礼"，字体大小为 60，颜色为白色，字体为方正舒体，X 为 478，Y 为 49。把做好的"新春"元件拖放到舞台合适位置上，把库中的"礼物 .png"位图拖放到舞台上，调整位图的宽度和高度均为 80，并调整位图的位置，读者可参照图 3.1 合理安排各个对象的位置。

Step8 在库中利用电器的 6 张位图，制作 6 个图形元件，名称分别为"热水器"、"空调"、"洗衣机"、"电饭煲"、"电视机"和"电冰箱"。制作方法很简单，只需把对应位图放在元件中，将位图分离，分离后把电器图片的背景删除即可。

技巧：在删除电器背景时，首先要选中背景，选中背景可以使用选择工具，也可以使用魔术棒选择背景。选中背景后，按键盘上的【Delete】键即可删除，也可以借助橡皮擦工具擦除部分背景。

★提示：选择套索工具箱后，在工具箱的选项区可以看到有"魔术棒"按钮，魔术棒工具是专门对位图图形设置用的，可以用于位图复杂色块的选择。

Step9 回到"场景 1"，在"文本"图层上方新建一个图层，重命名为"电器"，在"电器"图层的第 10 帧处插入一个关键帧，把"热水器"元件拖到舞台上，调整元件实例的大小和位置。在"电器"图层的第 20 帧处插入一个关键帧，再把"空调"元件拖放到舞台上，调整"空调"元件实例的大小和位置。用同样的方法分别在"电器"图层的第 30 帧、第 40 帧、第 50 帧和第 60 帧处依次插入一个关键帧，每次多放置一个电器元件，分别调整元件实例的大小和位置。

注意：所有的电器元件实例最终放置到舞台上之后，应该置于 Step5 中做好的红色小矩形块内。

Step10 新建一个影片剪辑元件，名称为"文本动画"，进入元件编辑状态，在"图层 1"第 1 帧的舞台上用文本工具输入"所有电器一律八折"几个字，设置大小为 30 点，字体为黑体，颜色为黄色。然后分离文本为单个的文字。在"图层 1"的第 5 帧、第 10 帧、第 15 帧、第 20 帧、第 25 帧、第 30 帧和第 35 帧处分别插入一个关键帧，在第 40 帧处插入一个帧。选中第 30 帧，把舞台上的"折"字删除，选中第 25 帧，把舞台上的"八"和"折"两个字删除，依此类推，前面的每一个关键帧都要依次多删一个字。新建一个图层，在"图层 2"的第 40 帧处插入一个关键帧，用鼠标右键单击该关键帧，在弹出的快捷菜单中选择"动作"会弹出"动作"窗口的右侧窗格中输入"stop( );"，最终时间轴效果如图 3.9 所示。

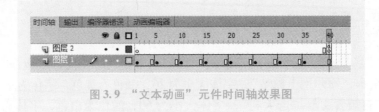
图 3.9 "文本动画"元件时间轴效果图

注意："动作"窗口中输入的命令中，所有的符号均要在英文输入法状态下输入。

Step11 回到"场景 1"，在"电器"图层上面新建一个图层，重命名为"文本动画"，在该图层的第 70 帧处插入一个关键帧，并把"文本动画"元件拖到该帧的舞台上。

Step12 新建一个影片剪辑类型的元件，重命名为"欢迎光临"，进入该元件的编辑状态，执行"文件"→"导入"→"导入到舞台"菜单命令，如图 3.10 所示，会弹出一个"导入"对话框，打开"海尔新春送大礼"素材文件夹，如图 3.11 所示。选择"01.png"文件，会弹出一个确认框，如图 3.12 所示，选择"是"。则把素材文件夹下的 01～04 四张位图分别放置到图层 1 的 4 个关键帧下。也就是自动生成了一个逐帧动画，为了让动画的速度慢些，我们分别选中 4 个关键帧，按 4 次【F5】键，延长每个画面的时间。

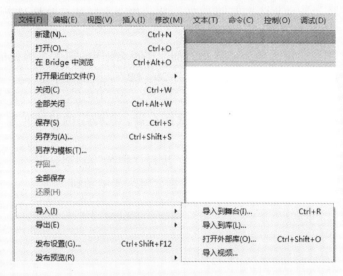

图 3.10　"导入到舞台"菜单命令

图 3.11　"导入"对话框

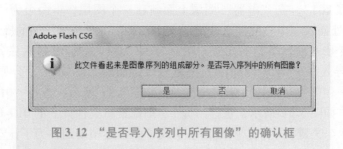

图 3.12 "是否导入序列中所有图像"的确认框

Step13 回到"场景1",新建一个图层,重命名为"欢迎光临",在该图层的第 105 帧处插入一个关键帧,把"欢迎光临"元件拖到该帧的舞台上,然后跳帧该元件实例的大小和位置。

Step14 新建一个图层,重命名为"活动时间",在该图层的第 135 帧处插入一个关键帧,然后输入文本"2 月 10 日 10:00 到 2 月 28 日 20:00",设置文本的大小为 16 点,字体为黑体,颜色为黄色,调整文本的位置。

Step15 选择所有图层的第 150 帧,单击鼠标右键,在弹出的快捷菜单中,选择"插入帧"。

Step16 保存文件,测试动画,测试方法为:执行"控制"→"测试影片"→"在 Flash Profession 中"菜单命令或者直接用【Ctrl + Enter】组合键来演示动画。

【技术讲解】

⭐ 3.2.1 导入图像序列

制作 Flash 动画时,大多数情况下都会用到多媒体素材,这些素材可以是图像、视频、声音等。下面先介绍 Flash 中如何导入图像素材。Flash 既可以导入矢量图形,也可以导入位图图像,支持后缀是 .gif、.jpg、.psd、.bmp 等的图像文件,如果试图导入 Flash 系统不支持的文件格式,则会弹出一个警告信息,使得导入操作无法完成。导入到 Flash 的图形文件的像素大小至少为 2 × 2。

要将图像文件导入到 Flash 中,可以执行"文件"→"导入"→"导入到舞台"菜单命令或者执行"文件"→"导入"→"导入到库"菜单命令,都会弹出"导入"对话框,然后选择素材文件,单击"打开"按钮,就可以将图片导入到舞台或者库中。不论是哪种情况,所有导入到 Flash 文档中的图片都会自动放入该文档的"库"面板中。若要使用文档中的库项目,直接将它拖到舞台中即可。

在执行"文件"→"导入"→"导入到舞台"菜单命令的过程中,如果导入的位图是一个图像序列中的一部分,那么在导入时,Flash 系统会询问用户是否将序列中的所有图像全部导入。如果选择"是"按钮,就会把序列中的图像全部导入到舞台上。同时会发现导入的图像以逐帧动画的方式放置在舞台上,也就是说时间轴上会插入若干个关键帧,第 1 个关键帧上放置图像序列中的第 1 张位图,第 2 个关键帧上放置序列中的第 2 张位图,依此类推,序列中有几张位图,时间轴上就有几个关键帧。时间轴效果如图 3.13 所示。

图 3.13 导入有 4 张位图的图像序列后的时间轴效果

☆ 3.2.2 帧的操作

1. 帧的类型

在 Flash 动画制作中，"帧"主要有如下三种：

1）空白关键帧。空白关键帧为白色背景带有黑圈的帧。如图 3.14 所示，第 20 帧处即为一个空白关键帧，表示在当前舞台中没有任何内容。

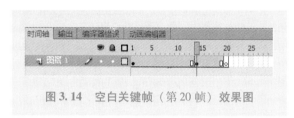

图 3.14 空白关键帧（第 20 帧）效果图

2）关键帧。关键帧为灰色背景带有黑点的帧。如图 3.14 所示，第 1 帧和第 14 帧即为关键帧。表示在当前帧对应的舞台中存在一些内容。当要在时间轴上某一时间点改变图形时，就需要在该时间点插入一个关键帧。

3）帧，也叫普通帧，当时间轴上存在多个帧，最后 1 帧上带有黑色矩形框的帧。如图 3.14 所示，除了第 1 帧和第 14 帧是关键帧，第 20 帧是空白关键帧外，其余的帧都是普通帧。

2. 帧的操作

在进行动画制作的过程中，经常需要对"帧"进行编辑，包括选择帧、插入帧、移动帧、删除帧等。

1）选择帧。当帧被选择后，该帧处会变成浅蓝色。选择帧常用方法如下：

① 按住【Ctrl】键，并用鼠标左键分别单击所要选的帧。

② 按住【Shift】键，并用鼠标左键分别单击所要选的起始帧和结束帧，中间的所有帧均会被选中。

③ 用鼠标左键单击所要选的帧，并继续拖动，其间的所有帧均会被选中。

2）插入帧。在时间轴上要插入帧的地方单击鼠标右键，在弹出的对话框中选择要插入的帧的类型。或者执行"插入"→"时间轴"菜单命令，然后选择"帧"、"关键帧"、"空白关键帧"中的一个命令。或者按快捷键【F5】插入普通帧，按快捷键【F6】插入关键帧，按快捷键【F7】插入空白关键帧。

3）移动（复制）帧。选中一个或多个帧，按住鼠标左键，移动所选帧到目标位置。在移动过程中，如果按住【Alt】键可复制所选的帧。

4）删除帧。选中一个或多个帧，单击鼠标右键，在弹出的对话框中选择"删除帧"即可。

5）清除帧。在制作动画时，如果不再需要所创建的帧中的内容，可以将内容清除。可以执行"编辑"→"时间轴"→"清除帧"命令。也可以在要清除的帧上单击鼠标右键，在弹出的快捷菜单中选择"清除帧"。

6）帧居中。在时间轴的下方有一个"帧居中"按钮，单击该按钮，如图3.15所示，能使播放指针所在的帧显示在"时间轴"中间。

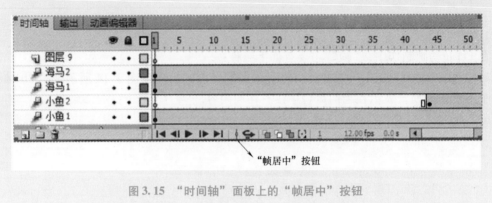

"帧居中"按钮

图3.15 "时间轴"面板上的"帧居中"按钮

7）翻转帧。如果要使动画多个帧的播放顺序颠倒，可以进行翻转帧操作。其方法是：在时间轴上选中要翻转的帧格，单击鼠标右键，在弹出的快捷菜单中选择"翻转帧"命令，或者执行菜单"修改"→"时间轴"→"翻转帧"。

8）切换不同的帧显示状态。在"时间轴"窗口的最右上方，有一个小按钮，单击该按钮，将会弹出一个下拉菜单，如图3.16所示，选择相应的选项，可以更改帧的显示方式，"时间轴"也随之发生变化。帧显示方式的下拉菜单中各种命令的含义如下：

图3.16 "帧显示状态"菜单

• "很小"：选择该命令后，时间轴中帧的间隔距离最小。

• "小"：选择该命令后，时间轴中帧的间隔距离比较小。

• "标准"：该选项是系统默认选项，即时间轴中帧的间隔距离正常显示。

• "中"：选择该命令后，时间轴中帧的间隔距离比较大。

• "大"：选择该命令后，时间轴中帧的间隔距离最大。

• "预览"：选择该命令后，将每一层上的每一帧画面显示在时间轴上。

• "关联预览"：选择该命令后，"时间轴"面板上会以按钮符号放大或缩小的比例为标准来显示它们相对整个动画的大小。

• "较短"：选择该命令后的帧高度较短。

●"彩色显示帧"：该命令是系统默认的选项，选择该命令后，帧的不同部分显示为不同的颜色。

3.2.3 制作逐帧动画的基本方法

医学证明，人类具有视觉暂留的特点，即人眼看到物体或画面后，在 1/24s 内不会消失。利用这一原理，在一幅画没有消失之前播放另一幅画，就会给人造成流畅的视觉效果。

在 Flash 中，这一系列单幅的画面就叫作帧，它是 Flash 动画中最小时间单位里出现的画面。每秒钟显示的帧数叫帧率，如果帧率太慢就会给人造成视觉上不流畅的感觉，太快也没有多大必要。所以一般将动画的帧率设为 24 帧/s。

逐帧动画是利用在不同帧上设置不同的对象来实现动画效果的。其制作方法有两种：

方法一：向舞台上导入图像序列的同时会创建好逐帧动画，且一个关键帧中有图像序列中的一张图片，如图 3.17 所示。为了调整动画的播放速度，有时候我们需要在各个关键帧之间分别插入若干个普通帧，只需要分别选中每个关键帧，然后按【F5】键（需要几个普通帧，就按几次）。在每个关键帧后面插入 3 个普通帧后的效果如图 3.18 所示。

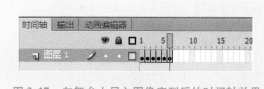

图 3.17 向舞台上导入图像序列后的时间轴效果

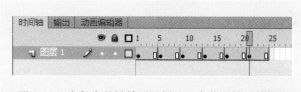

图 3.18 在每个关键帧后面插入 3 个普通帧后的效果

方法二：首先选择某一帧作为逐帧动画的开始帧。如果它不是一个关键帧，则要把它转变为关键帧（可按【F6】键）。在开始帧中绘制动画序列中的第一个图片。选择下一帧，添加关键帧，并绘制全新的画面。然后继续添加关键帧，并改变相应关键帧的内容直到最终完成动画。

3.2.4 "绘图纸"的使用

通常情况下，Flash 在舞台中一次显示动画的一个帧。为了帮助定位和编辑逐帧动画，可以在舞台中一次查看两个或多个帧，这就需要用到绘图纸功能。Flash 动画设计中用绘图外观可以同时显示和编辑多个帧的内容，并可以在操作的同时，查看每一帧画面的运动轨迹，方便对动画进行调整。

1. 启用绘图纸外观功能

单击时间轴面板下面的"绘图纸外观"按钮，即可启动绘图纸功能，如图 3.19 所示。启用绘图纸功能后，播放头所在的帧画面用全彩显示，其余的帧画面是暗淡的，看起来就好像每个帧都是画在一张透明的绘图纸上，而这些绘图纸相互层叠在一起，如图 3.20 所示。

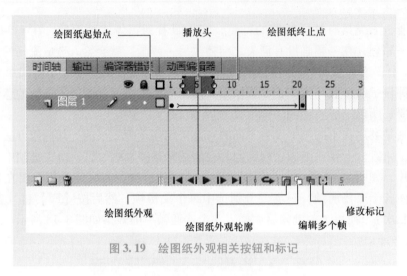

图 3.19　绘图纸外观相关按钮和标记

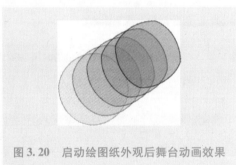

图 3.20　启动绘图纸外观后舞台动画效果

用户还可以拖动"绘图纸起始点"和"绘图纸终止点"标记，来修改绘图纸外观所包括的帧区间。当把所有帧的绘图纸外观画面都显示出来后（见图 3.21），除播放头所在关键帧内的画面可以编辑外，其他画面都不可编辑。

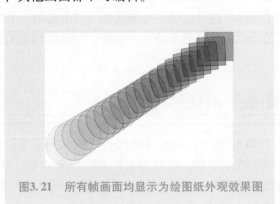

图3.21　所有帧画面均显示为绘图纸外观效果图

2. 绘图纸外观轮廓

类似于"绘图纸外观"按钮，单击"绘图纸外观轮廓"按钮后，可以显示多个帧的轮廓，而不是直接显示透明的移动轨迹，如图 3.22 所示。当元素形状较为复杂或帧与帧之间的位移不明显时，使用这个按钮能更加清晰地显示元件的运动轨迹。每个图层的轮廓颜色决定了绘图纸轮廓的颜色。除播放头所在关键帧内显示的元素可以编辑外，其他轮廓都不可编辑。

3. 修改绘图纸标记

"修改标记"按钮主要用于修改当前绘图纸的标记。通常情况下，移动播放头的位置，绘图纸的位置也会随之发生相应的变化。

图 3.22　绘图纸外观轮廓效果图

单击"修改标记"按钮后，弹出的菜单中有如下选项：

1）"始终显示标记"：勾选该选项后，无论用户是否启用了绘图纸功能，都会在播放头左右显示绘图纸标记范围。

2）"锚定标记"：勾选该选项后，可以将时间轴上的绘图纸标记锁定在当前位置，不再跟随播放头的移动而发生位置上的改变。

3）"标记范围 2"：选中该选项后，在当前选定帧的两边分别只显示 2 个帧。

4）"标记范围 5"：选中该选项后，在当前选定帧的两边分别显示 5 个帧。

5）"标记整个范围"：选择该选项后，软件会自动将标记范围扩大到包括整个动画所有的帧。

> ⚠ **注意：**当"绘图纸外观"打开时，锁定图层的内容不会显示。为了避免弄乱大多数图像，可以把相应的图层锁定。

3.3　制作"小熊走路"动漫角色

【案例概述】

本案例利用"逐帧动画技术"制作一个"小熊走路"的动画。通过本案例的学习，主要让读者掌握卡通动物动作绘制技巧，以及如何同时编辑多个帧。部分效果如图 3.23 所示。

【实现过程】

1. 设置"文档属性"

启动 Adobe Flash CS6 后，新建一个文档，设置文档大小为 550×400 像素。执行"文件"→"保存"菜单命令，将新文档保存，并命名为"小熊走路"。

图 3.23 "小熊走路"动画的某一个画面

2. 动画制作

Step1 把"小熊走路"素材文件下的"背景"图片导入到文档的库中。

Step2 新建一个图形元件，名称为"头和身体"，进入元件的编辑状态，在舞台上绘制小熊的头和身体部分，如图 3.24 所示。

Step3 新建一个图形元件，名称为"胳膊"，进入元件的编辑状态，在舞台上绘制小熊的胳膊，如图 3.25 所示。

Step4 新建一个图形元件，名称为"腿"，进入元件编辑状态，在舞台上绘制小熊的腿，如图 3.26 所示。

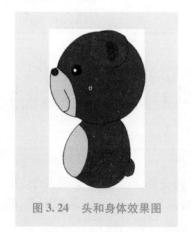

图 3.24 头和身体效果图

图 3.25 胳膊效果图

图 3.26 腿画面效果图

Step5 新建一个影片剪辑元件，名称为"走路效果"，进入元件的编辑状态，把"图层1"重命名为"右臂"，把"胳膊"元件拖到舞台上，调整元件实例的大小和位置。

Step6 新建一个图层，重命名为"右腿"，把"腿"元件拖到该图层的舞台上，调整元件实例的大小和位置，然后用任意变形工具对元件实例进行旋转和变形，如图 3.27 所示。

Step7 　新建一个图层，重命名为"头和身体"，把"头和身体"元件拖到该图层的舞台上，调整元件实例的大小和位置，如图 3.28 所示。

图 3.27　调整"腿"元件实例后的效果图

图 3.28　调整"头和身体"
元件实例后的效果图

Step8 　新建一个图层，重命名为"左腿"，把"腿"元件拖到该图层的舞台上，调整元件实例的大小和位置，然后用任意变形工具对元件实例进行旋转和变形。

Step9 　新建一个图层，重命名为"左臂"，把"胳膊"元件拖到舞台上，调整元件实例的大小和位置，然后用任意变形工具对元件实例进行旋转，如图 3.29a 所示。

Step10 　选中"走路效果"元件动画里所有图层的第 5 帧，执行"插入"→"时间轴"→"关键帧"菜单命令，然后依次点击每个图层的第 5 帧，分别调整每个图层里元件实例的大小、位置、旋转以及变形，使得"走路效果"元件动画第 5 帧的画面如图 3.29b 所示，依此类推，制作第 9 帧、第 13 帧、第 17 帧、第 20 帧……的画面，其效果如图 3.29c ~图 3.29f 所示。

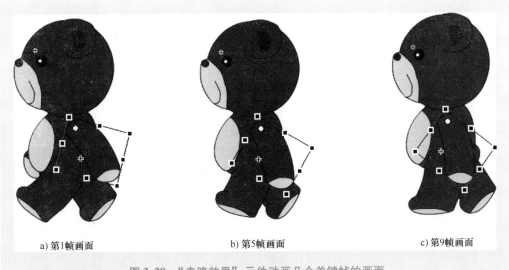

a) 第1帧画面　　　　　　　　　b) 第5帧画面　　　　　　　　　c) 第9帧画面

图 3.29　"走路效果"元件动画几个关键帧的画面

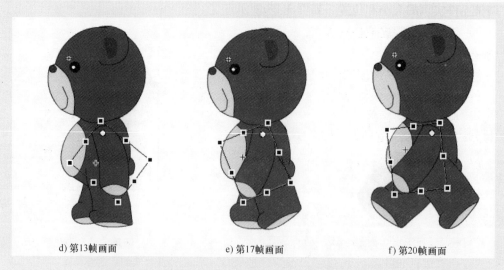

d) 第13帧画面   e) 第17帧画面   f) 第20帧画面

图 3.29 "走路效果"元件动画几个关键帧的画面（续）

Step11 回到"场景1"，将"图层1"重命名为"背景"，将"背景.png"图片拖到舞台上，调整位图的大小和位置（背景位图应比舞台大一些），用鼠标右键单击该位图，弹出的快捷菜单中，选择"转换为元件"，会弹出一个"转换为元件"的对话框，在该对话框中，更改名称为"背景"，元件类型为"图形"，单击"确定"按钮。

Step12 在"背景"图层的第100帧处插入一个关键帧，然后把该帧处的"背景"元件实例想舞台右侧移动一些位置。选中第1帧至第100帧处的任意一帧，执行"插入"→"传统补间"菜单命令。

Step13 新建一个图层，重命名为"小熊走路"，把"走路效果"元件拖到该图层第1帧的舞台上，调整"走路效果"元件实例的大小和位置。

Step14 保存文件，测试影片。

【技术讲解】

⭐ 3.3.1 卡通动物动作绘制技巧

卡通动物的动作包括兽类的走跑跳、禽类的走飞、爬行类的爬、鱼类的游、灵长类动物的走跑跳等。每种动作都有其特定的规律，只有遵循一定的规律，才不至于使制作出来的动画看着很奇怪。

1. 兽类的走、跑、跳

（1）兽类行走的运动规律

1）四条腿两分两合做左右交替成一个完步。

2）前腿抬起时，腕关节向后弯曲；后腿抬起时，踝关节朝前弯曲。

3）走路时由于腿关节的屈伸运动，身体稍有高低起伏。

4）走路时为了配合腿部的运动，保持身体重心平衡，头部会上下略有点动，一般是在跨出的前脚即将落地时，头开始朝下点动。

5）爪类动物因皮毛松软柔和，关节运动的轮廓不十分明显，蹄类动物关节运动就比较明显。

6）兽类动物走路动作的运动过程中，应注意腿、趾落地、离地时所产生的高低弧度。

（2）兽类的跑步运动规律

1）动物奔跑动作基本规律与走步时四条腿的交替分和相似，但是跑得越快，四条腿的交替分和越不明显。有时会变成前后各两条腿同时屈缩，四脚离地时间短。

2）奔跑的过程中，身体的伸展（拉长）和收缩（缩短）姿态变化明显（尤其是爪类动物）。

3）在快速奔跑过程中，四条腿有时呈腾空跳跃状态，身体上下起伏较大，但在快速奔跑的情况下，身体起伏的弧度又会减小。

（3）兽类的跳跃运动规律

1）在跃出前躯干先往后收缩成蹲状，准备力量，利用后退有力一蹬，把身躯弹出。

2）在运动过程中，身体悬空，前肢弯起伸向前方，准备着地。

3）着地时前肢先接触地面，承受身体前冲运动的惯性作用，身体会由挺直到蜷缩后退着地后，冲力减弱才回复原状

2. 禽类的走、飞

家禽多以走为主，如鸡、鸭、鹅等。它们主要靠双脚或在水中浮游，有时也能扑打着双翅，做短距离的飞行动作。

1）鸡的走路运动规律：

① 双脚前后交替运动，身体左右摇摆。

② 当一只脚抬起时，头开始向后收；超前至中间位置时，头伸到最前面；当脚向前落地时，头也随之超前伸到顶点。

2）鹅的走路运动规律：

① 鹅走路时屁股左右摇摆。

② 头随脚地抬起前后略微点地。

③ 鹅在划水时，两脚前后交替。

3）大雁。大雁在飞行时，两翼向下扑时，因翼面用力拉下过程中与空气相抗，翼尖弯向上；翼扑下时带动着整个身体前进，往上回收时，翼尖弯向下，主羽散开让空气易于滑过。

4）鹰。鹰善于飞行，并可在空中长时间滑翔，在发现地面上的动物时，能够从高空急速俯冲飞直而下。

5）燕子。燕子在滑翔时，身体灵活，飞行时把翅膀用力一夹会像箭一样向前飞蹿。

6）麻雀。麻雀能蹿飞，短程滑翔，并且常做跳步动作

7）蜂鸟。蜂鸟身体短小，嘴长脖子短，动作轻盈灵活，飞行速度快。不能做滑翔动作，但却能向前飞和退后飞，另外还有一种很高超的飞行技巧——悬身不动。

3. 爬行类

爬行类可分为有足和无足两种。有足的如龟、鳄鱼；无足的如蛇。

1）龟的运动特点：

① 四肢前后交替。

② 动作缓慢。

③ 时有停顿，头部上下左右转动灵活。

④ 头、四肢和尾巴均能缩入甲壳内。

2）鳄鱼的运动特点：

① 四肢前后交替。

② 动作缓慢。

③ 尾巴随着脚步左右缓缓摆动，成波形的曲线运动。

3）蛇的运动特点：

① 蛇的行动时靠轮流收缩脊骨两边的肌肉来进行的。

② 身体向两旁作"S"形曲线运动。

③ 头部微微离地抬起，左右摆动幅度较小。

4. 鱼类的游

鱼类的运动规律一般为：鱼身摆动时的各种变化成曲线运动状态。大鱼身体摆动的曲线弧度较大，缓慢而稳定，停留原地时，鱼鳍缓划，鱼尾轻摆。小鱼变化较多，动作节奏短促，常有停顿或突然蹿游，游动时曲线弧度不大。长尾鱼柔和缓慢，在水中身体的形态变化不大，随着身体的摆动，大而长的鱼鳍和鱼尾做跟随运动。

5. 灵长类动物的走、跑、跳

走的过程，即迈一步、站稳、迈一步、站稳的循环。一步：一只脚由最后迈到最前，即为一步的距离。运动规律为：左右两脚交替；双臂反向交替；头部最高位置在一只脚刚迈出去时，头部最低位置在两脚分到最大距离时。

做走动作动画时要避免如下情况：

1）一顺，胳膊和腿同进同退。制作时注意核对胳膊和腿的位置。

2）变化过小，没有走出去的感觉。动画就是要夸张，才能让人感觉到你在做什么动作。

3）走得太快，像是在跑。注意空间的变化幅度和节奏。

奔跑与跳跃，实际上就是在行走的基础上，加入位置的变化。使行走动画中的至少一个位置双脚离地，就能做出跑与跳的效果。

⭐ 3.3.2 编辑多个帧

如图 3.19 所示，单击"编辑多个帧"按钮后，在舞台上会显示包含在绘图纸标记内的关键帧，而且在舞台上显示的多个关键帧都可以选择和编辑。

在 3.3 节中我们制作过"小熊走路"的案例，其中有"走路效果"影片剪辑元件，其中小熊的走路动作包括了 10 个分解动作，如果要同时调整这 10 个动作的位置或者大小，应该选择时间轴上的"编辑多个帧"按钮，之后会看到在时间轴上的数字区域播放头（红色指针）前后分别有两个类似中括号的标识，分别是"开始绘图纸外观"和"结束绘图纸外观"，如图 3.30 所示。将鼠标移动到"开始绘图纸外观"标记上，按下鼠标左键向前拖动，拖动到第 1 帧上。再将鼠标移动到"结束绘图纸外观"标记上，按下鼠标左键向后拖动，拖动到最后一帧（即第 40 帧）处，效果如图 3.31 所示。

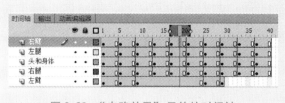

图 3.30　"走路效果"元件的时间轴

79

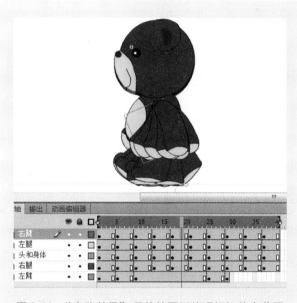

图 3.31　"走路效果"元件绘图纸外观标记整个范围

　　然后使用"选择工具"进行框选，选择全部图形（或者按组合键【Ctrl + A】），效果如图 3.32 所示。拖到鼠标就可以移动全部图形，或按下键盘"上下左右"方向键进行调整位置。如果想要调整对象的大小，可利用"任意变形工具"对其进行调整，或者打开"变形"面板调整。

图 3.32　"走路效果"元件舞台上的元素都被选中后的效果

3.4 综合项目——"光影逐帧动画"

【案例概述】

本案例利用"逐帧动画"技术制作了一个光影逐帧动画——"绿色出行、低碳健身"。通过本案例的学习，让读者更加熟悉逐帧动画的制作方法，部分动画效果如图 3.33 所示。

图 3.33 "光影逐帧动画"某一帧画面

【实现过程】

1. 设置"文档属性"

启动 Adobe Flash CS6 后，新建一个文档，设置文档大小为 468×60 像素，舞台颜色为深灰色（#333333）。执行"文件"→"保存"菜单命令，将新文档保存，并命名为"光影逐帧动画"。

2. 动画制作

Step1 将素材文件夹中的图片"自行车.jpg"导入到文档的库中。

Step2 新建一个影片剪辑元件"自行车"，进入元件的编辑状态，把库中的"自行车.jpg"图片拖到舞台上，选中舞台上的图片，按下组合键【Ctrl+B】，将图片分离，利用魔术棒等工具，将图片的背景删除，只保留自行车，如图 3.34 所示。

Step3 新建一个影片剪辑元件，命名为"文本"，进入元件的编辑状态，在舞台上用文本工具输入"绿色出行 低碳健身"，字体为"黑体"，字号为 22 点，颜色为绿色（#00CC00）。然后分别在第 5 帧、第 10 帧、第 15 帧处分别插入一个关键帧，在第 19 帧处插入一个普通帧。单击第 5 帧，选中舞台上的文字，将文字颜色变为"#66FF00"，在第 15 帧处的文字做同样的改变。

图 3.34 "自行车"元件效果图

Step4 回到"场景1"，在舞台上绘制一个填充为绿色（#00FF00）的矩形（暂且叫形状1），无笔触颜色，宽度为 13，高度为 60，X 为 0，Y 为 0，如图 3.35 所示。

图 3.35　第 1 帧的画面

81

Step5　在第 4 帧处插入一个关键帧，将舞台上的矩形（形状 1）的 X 改为 14.25，然后复制一个矩形在舞台上，修改复制出来的矩形（形状 2）属性，使其颜色为"#00CC00"，X 为 0，Y 为 0，如图 3.36 所示。

图 3.36　第 4 帧处的画面

Step6　在第 7 帧处插入一个关键帧，将舞台上已经存在的矩形（形状 1 和形状 2）同时选中，将 X 改为 14.25，然后复制一个矩形在舞台上，修改复制出来的矩形（形状 3）属性，使其颜色为"#009900"，X 为 0，Y 为 0，如图 3.37 所示。

图 3.37　第 7 帧处的画面

Step7　在第 10 帧处插入一个关键帧，将舞台上已经存在的矩形（形状 1、形状 2 和形状 3）同时选中，将 X 改为 14.25，然后复制一个矩形在舞台上，修改复制出来的矩形（形状 4）属性，使其颜色为"#006600"，X 为 0，Y 为 0。

Step8　在第 13 帧处插入一个关键帧，将舞台上已经存在的矩形（形状 1、形状 2、形状 3 和形状 4）同时选中，将 X 改为 14.25，然后复制一个矩形在舞台上，修改复制出来的矩形（形状 5）属性，使其颜色为"#003300"，X 为 0，Y 为 0。

Step9　在第 16 帧处插入一个关键帧，将舞台上已经存在的矩形（形状 1、形状 2、形状 3、形状 4 和形状 5）同时选中，将 X 改为 14.25，然后复制一个矩形在舞台上，修改复制出来的矩形（形状 6）属性，使其颜色为"#001100"，X 为 0，Y 为 0。

Step10　在第 19 帧处插入一个关键帧，将舞台上已经存在的矩形（形状 1、形状 2、形状 3、形状 4、形状 5 和形状 6）同时选中，将 X 改为 14.25。

Step11　在第 22 帧处插入一个关键帧，将舞台上已经存在的矩形同时选中，将 X 改为 28.50。

Step12　在第 25 帧处插入一个关键帧，将舞台上已经存在的矩形同时选中，将 X 改为 42.75。

Step13 在第 28 帧处插入一个关键帧，将舞台上已经存在的矩形同时选中，将 X 改为 57。

Step14 在第 31 帧处插入一个关键帧，将舞台上已经存在的矩形同时选中，将 X 改为 71.25，拖动一条垂直辅助线在形状 1 的右侧，如图 3.38 所示。

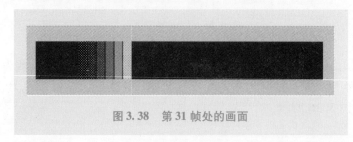

图 3.38　第 31 帧处的画面

Step15 在第 34 帧处插入一个关键帧，将舞台上的形状 1 删除，把剩下的形状（形状 2、形状 3、形状 4、形状 5 和形状 6）同时选中，然后拖动这些形状，使其右侧与辅助线对齐，如图 3.39 所示。

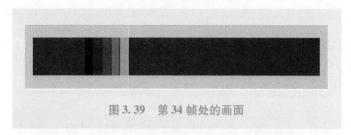

图 3.39　第 34 帧处的画面

Step16 在第 37 帧处插入一个关键帧，将舞台上的形状 2 删除，把剩下的形状（形状 3、形状 4、形状 5 和形状 6）同时选中，然后拖动这些形状，使其右侧与辅助线对齐。

Step17 在第 40 帧处插入一个关键帧，将舞台上的形状 3 删除，把剩下的形状（形状 4、形状 5 和形状 6）同时选中，然后拖动这些形状，使其右侧与辅助线对齐。

Step18 在第 43 帧处插入一个关键帧，将舞台上的形状 4 删除，把剩下的形状（形状 5 和形状 6）同时选中，然后拖动这些形状，使其右侧与辅助线对齐。

Step19 在第 46 帧处插入一个关键帧，将舞台上的形状 5 删除，把剩下的形状（形状 6）选中，然后拖动该形状，使其右侧与辅助线对齐。

Step20 在第 49 帧处插入一个空白关键帧，在第 52 帧处插入一个普通帧。

Step21 新建一个图层，把"自行车"元件拖到舞台上，调整其大小和位置。

Step22 新建一个图层，将"文本"元件拖到舞台上，调整其位置，如图 3.33 所示。然后保存文件，至此完成动画设计。

第4章
补间动画制作
——行云流水的运动

用 Flash 制作逐帧动画时，每个关键帧的图形都需要绘制，通过普通帧将关键帧画面保持不变，使动画显现静态延时。但是制作补间动画时，两个关键帧之间的插补帧是由计算机自动运算而得到的。在 Flash 8 以前的版本里面补间动画有两种形式：①补间动画（其实准确说应该是运动补间动画，包括缩放、旋转、位置、透明变化等）；②补间形状（主要用于变形动画）。在 Flash CS3 版本之后，由于加入了一些 3D 的功能，传统的这两种补间没办法实现 3D 的旋转，所以就出现了三种补间形式：①补间动画，这种补间动画除了可以完成传统补间动画的效果，还可以实现 3D 补间动画；②补间形状；③传统补间动画。

学习要点

- 补间动画的形式
- 传统补间动画的制作方法
- 形状补间动画的制作方法
- 补间动画的制作方法

CS6

4.1 补间动画的特点

与逐帧动画相比，补间动画具有以下几个特点：

1. 制作方法简单方便

补间动画只需要为动画的第一个关键帧和最后一个关键帧创建内容，两个关键帧之间帧的内容由 Flash 自动生成，不需要人为处理。

2. 动画连贯自然

因为逐帧动画是由手工控制，帧与帧之间的过渡很可能会不自然、不连贯，而补间动画除了两个关键帧由手工控制外，中间的帧都由 Flash 自动生成，技术含量高，因此过渡更为自然、连贯。

3. 文件小，占用内存少

相对于逐帧动画来说，补间动画不需要很多的关键帧内容，因此 Flash 文件更小，占用内存更少。

4.2 制作"节约用水"公益广告

【案例概述】

本案例使用"形状补间动画"技术制作了一个"节约用水"的公益广告。通过本案例的学习，读者应掌握什么是"形状补间动画"，以及制作"形状补间动画"的方法及注意事项。本例完成后的部分效果如图 4.1 所示。

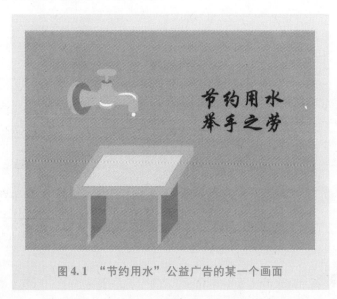

图 4.1 "节约用水"公益广告的某一个画面

【实现过程】

1. 设置"文档属性"

启动 Adobe Flash CS6 后，新建一个文档，设置文档大小为 550×400 像素，背景为粉色（#FF99CC）。执行"文件"→"保存"菜单命令，将新文档保存，并命名为"节约用水"。

2. 制作动画

Step1 在"时间轴"面板上把"图层 1"重命名为"水龙头"图层，在该图层上利用工具箱中各种工具，绘制如图 4.2 所示的水龙头，并放在舞台的合适位置上。

Step2 新建一个图层，命名为"水槽"，在该图层上绘制一个水槽，如图 4.3 所示，然后将水槽放在水龙头位置的下方。

图 4.2 "水龙头"效果图

Step3 新建一个图层，命名为"槽中水面"，在该图层上绘制一个平行四边形的水面，颜色为青色（#8CFFFF），注意水面要遮盖住水槽底部，如图 4.4 所示。

图 4.3 "水槽"效果图

图 4.4 "槽中水面"效果图

Step4 执行"插入"→"新建元件"命令，弹出"创建新元件"的对话框，将名称修改为"滴水"，类型为"影片剪辑"，单击"确定"按钮，如图 4.5 所示。

图 4.5 "创建新元件"对话框

Step5 创建元件的同时，软件会自动进入元件的编辑状态，在"图层 1"的第 1 帧绘制一个填充颜色为"白色"，笔触颜色为"无"的小圆点，如图 4.6a 所示。在第 5 帧处插入一个空白关键帧，然后在小圆点靠下点的位置绘制一个填充颜色为"白色"，笔触颜色为"无"的小椭圆，如图 4.6b 所示。在第 10 帧处插入一个空白关键帧，然后在小椭圆靠下点的位置绘制一个填充颜色为"白色"，笔触颜色为"无"的小水滴，如图 4.6c 所示。在第 25 帧处插入一个关键帧，然后把该帧处的小水滴往下移动。选中第 1 帧到第 25 帧，在选中帧的任意位置上单击鼠标右键，在弹出的快捷菜单中选择"创建补间形状"。效果如图 4.6d 所示。

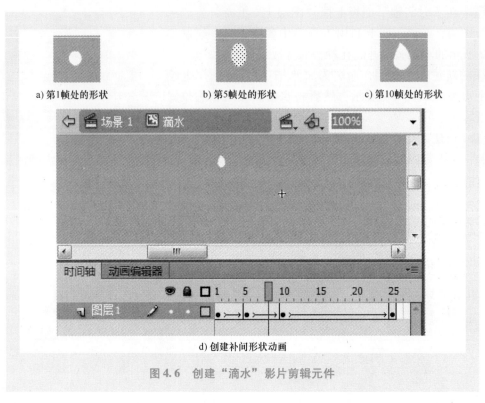

a) 第 1 帧处的形状　　　　　b) 第 5 帧处的形状　　　　　c) 第 10 帧处的形状

d) 创建补间形状动画

图 4.6　创建"滴水"影片剪辑元件

Step6 回到"场景 1"中，在"槽中水"图层上面再新建一个图层，重命名为"滴水"，把"滴水"影片剪辑元件放置在该图层的第 1 帧上，并调节元件实例在舞台上的位置，使得最初的水滴在水龙头口，滴落下来的水滴落在水槽中央。

Step7 新建一个影片剪辑元件，名称为"水晕"，在"水晕"元件编辑状态下，在图层 1 的第 1 帧处绘制一个椭圆，要求笔触颜色为白色，线条粗细为 2 磅，填充颜色为无。在第 25 帧处插入一个关键帧，把该帧处的椭圆放大为 150%，笔触颜色依然为白色，Alpha 值设为 0%。选中该图层第 1~25 帧中的任意一帧，执行"插入"→"补间形状"命令，创建形状补间动画。

Step8 回到"场景 1"中，在"滴水"图层上方新建一个图层，名称改为"水晕"，在该图层的第 25 帧处插入一个关键帧，将"水晕"影片剪辑元件拖到该图层的第 25 帧上。

 注意：调节"水晕"元件实例的位置，让其处于水槽水面的中央。

Step9 新建一个图层，命名为"文字"，在该图层上利用文本工具，输入"节约用水 举手之劳"8 个字。设置文字的颜色为蓝色（#0000CC），大小为 40 点，字体为华文行楷。

Step10 选中所有图层的第 100 帧，并用鼠标右键单击，在弹出的快捷菜单中选择"插入帧"。

Step11 保存文件，测试影片。

【技术讲解】

4.2.1 形状补间动画的含义

在 Flash 的时间轴面板上，在一个时间点（关键帧）绘制一个形状，然后在另一个时间点（关键帧）更改该形状或绘制另一个形状，Flash 根据两者之间的帧的值或形状来创建的动画被称为形状补间动画。

形状补间动画可以实现两个图形之间颜色、形状、大小、位置的相互变化，使用的元素多为用鼠标绘制出的形状，如果使用图形元件、按钮、文字等元素，则必须先把该元素"分离"，再创建形状补间动画。

形状补间动画建好后，起始关键帧和结束关键帧之间的背景色变为淡绿色，在起始帧和结束帧之间有一个长长的箭头。如果箭头变为虚线线段（见图 4.7），则表示形状补间动画创建不成功，这种情况一般出现在两帧中的实例没有分离（或打散）的状态。

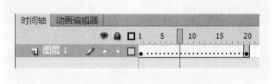

图 4.7　形状补间动画创建不成功表现

4.2.2 形状补间动画制作的步骤

形状补间动画制作的步骤如下：

1. 创建动画文件

启动 Flash CS6，执行"文件"→"新建"命令。

2. 创建动画起始关键帧画面

选择任意一个帧为起始关键帧，在该帧处利用工具箱里的绘图工具绘制一个形状，或者放置元件、文字、位图等对象，然后对该对象执行"修改"→"分离"命令。

3. 创建动画结束关键帧画面

用鼠标右键单击起始关键帧右侧的任意一帧，在弹出的快捷菜单中选择"插入关键帧"或"插入空白关键帧"。如果插入的是关键帧，可以把结束关键帧的形状做些修改，或者删除已经存在的形状，重新绘制新的形状；如果插入的是空白关键帧，则只能绘制新的形状。

4. 创建补间形状

选中起始帧到结束帧之间的任意一帧，执行"插入"→"补间形状"菜单命令，或者用鼠标右键单击开始关键帧和结束关键帧之间的任意一帧，在弹出的快捷菜单中选择"创建补间形状"，就可以创建好一个形状补间动画。

4.3 制作"雏鸡变凤凰"微动画

【案例概述】

本案例使用"形状补间动画"技术制作了一个"雏鸡变凤凰"的动画。通过本案例的学习，读者主要掌握微动画的制作要领，及创建"形状补间动画"时形状提示点的应用。部分效果如图 4.8 所示。

图 4.8 "雏鸡变凤凰"动画的某一个画面

【实现过程】

1. 设置"文档属性"

启动 Adobe Flash CS6 后，新建一个文档，设置文档大小为 800×600 像素，背景为蓝色。执行"文件"→"保存"菜单命令，将新文档保存，命名为"雏鸡变凤凰"，并保存。

2. 动画制作

Step1 新建一个图形元件，名称为"火焰"，进入元件编辑状态，执行"文件"→"导入"→"导入到舞台"菜单命令，在弹出的"导入"对话框中，选择"雏鸡变凤凰"素材文件夹下的"火焰.jpg"文件进行导入。

Step2 回到"场景 1"，把"图层 1"重命名为"背景"，把"火焰"元件拖到舞台上，打开"属性"面板，设置"火焰"元件实例的大小、位置和色彩效果，如图 4.9 所示。在"背景"图层的第 75 帧处插入普通帧，最后把"背景"图层锁定。

图 4.9　"火焰"元件实例的属性参数设置图

Step3 新建一个图层，重命名为"雏鸡变凤凰"，在该图层第 1 帧的舞台上火焰的中央位置绘制一只小鸡，如图 4.10 所示。其中小鸡身体的颜色为黄色（#FFFF33），无笔触颜色。在图层的第 15 帧处插入一个关键帧，再在图层的第 60 帧处插入一个空白关键帧，然后在舞台上火焰的中央位置绘制一只凤凰，如图 4.11 所示。其中凤凰身体的颜色为黄色（#FFFF00），无笔触颜色。

图 4.10　小鸡效果图

图 4.11　凤凰效果图

Step4 选中"雏鸡变凤凰"图层的第 15 帧到第 60 帧之间的任意一帧，执行"插入"→"补间形状"菜单命令。

Step5 选中"雏鸡变凤凰"图层的第 15 帧，执行"修改"→"形状"→"添加形状提示"菜单命令，这时会在舞台上出现一个红色的小圆圈，里面有一个字母 a，这就是形状提示点。拖动该提示点到小鸡的鸡冠部分，再选中图层的第 60 帧，看到舞台上也有一个形状提示点，把该提示点拖到凤凰冠上。用同样的方法，再添加 6 个形状提示点，各个提示点所放的位置如图 4.12 所示。

a) 开始关键帧中的形状提示点　　　　　b) 结束关键帧中的形状提示点

图 4.12　形状提示点所放的位置

Step6　新建一个影片剪辑元件"文本 1"，进入元件编辑状态，在舞台上用文本工具输入"雏鸡变凤凰"几个字，颜色为白色，大小为 60 点，字体为"华文行楷"。

Step7　再新建一个影片剪辑元件"文本 2"，进入元件编辑状态，在舞台上用文本工具输入"华丽的蜕变"几个字，颜色为白色，大小为 60 点，字体为"华文行楷"。

Step8　回到"场景 1"，新建一个图层，重命名为"文本 1"，把"文本 1"元件拖到舞台上，位置参照图 4.8。选中舞台上的"文本 1"元件实例，通过"属性"面板添加发光滤镜，参数设置如图 4.13 所示。

Step9　新建一个图层，重命名为"文本 2"，把"文本 2"元件拖到舞台上，位置参照图 4.8。选中舞台上的"文本 2"元件实例，通过"属性"面板添加发光滤镜，参数设置如图 4.13 所示。

Step10　保存文档，测试影片。

属性	值	
▽ 滤镜		
▼ 发光		
模糊 X	15 像素	🔗
模糊 Y	15 像素	🔗
强度	100 %	
品质	低 ▼	
颜色	☐	
挖空	☐	
内发光	☐	

图 4.13　发光滤镜参数设置

【技术讲解】

4.3.1　微动画制作要领

　　微动画篇幅很短，没有动画短片长，不能称其为动画短片。虽然短，但更需要创意，要给人以深刻印象，可以更随意地进行创作。微动画的创意也许是一个故事或是一种心态，一种情绪，一种状态，一个幽默……微动画和微博有共同之处，体量微小简短，传播便利，非常适合新媒体。微动画的制作要领如下：

　　1）篇幅不能长。

　　2）要足够新颖，让浏览者有一种看完一遍还想再看的感觉。

　　3）视觉冲击力强，颜色搭配巧妙。

4.3.2　形状提示点的设置

要控制复杂或罕见的形状变化，可以使用形状提示。形状提示会标识起始形状和结束形状中相对应的点。例如，如果要补间一张正在改变表情的脸部图画时，可以使用形状提示来标记每只眼睛。这样在形状发生变化时，脸部就不会乱成一团，每只眼睛还都可以辨认，并在转换过程中分别变化。

在已经创建了一个基本的形状补间动画后，可以按照以下步骤添加形状提示点。

1）首先在时间轴上的形状补间动画的开始关键帧中选择一个形状，然后执行"修改"→"形状"→"添加形状提示"菜单命令，Flash 会在舞台上放置一个用字母标记的红色小圆圈，这就是形状提示点。可以用同样的方法添加多个形状提示点，形状提示包含字母（从 a 到 z），用于识别起始形状和结束形状中相对应的点。最多可以使用 26 个形状提示。

2）在开始关键帧的形状上确定一个点，用"箭头工具"进行选择并移动第一个形状提示点，把它放在形状上一个用户想要其与最终形状中的一块区域进行匹配的区域上。

3）当把播放头移动到形状补间动画的结束帧上时，会看到一个与放在开始帧上的标了字母的形状提示点相匹配的另一个标了相同字母的形状提示点。当结束关键帧中的形状提示点的颜色由红色变成了绿色，而在开始关键帧中的形状提示点由红色变成了黄色，则表示形状提示点已经与作品建立了正确的连接。

4）将播放头在时间轴上移动预览新的形变过程。不停地加入形状提示点，或对它们进行重新定位，直到动画产生出了理想的形变过程。

要在补间形状时获得最佳效果，还应遵循以下准则：

1）在复杂的补间形状中，需要创建中间形状然后再进行补间，而不要只定义起始和结束的形状。

2）确保形状提示是符合逻辑的。例如，如果在一个三角形中使用三个形状提示，则在原始三角形和要补间的三角形中它们的顺序必须是一致的。它们的顺序不能在第一个关键帧中是 abc，而在第二个帧中是 acb。

3）如果按逆时针顺序从形状的左上角开始放置形状提示，工作效果较好。

4）在放置形状提示点时，应该保证提示点被放在图形的边框线上。

★ 提示：对准某个形状提示点单击鼠标右键，可以通过弹出的快捷菜单对形状提示点进行添加、删除和显示等操作。

4.4　制作"服务三农"广告动画

【案例概述】

本案例利用"传统补间动画"技术制作了一个"服务三农"的广告动画。通过本案例的学习，读者主要可以掌握"传统补间动画"的制作方法和特点，以及元件和实例的应用。

部分效果如图4.14所示。

图4.14 "服务三农"动画的某一个画面

【实现过程】

1. 设置"文档属性"

启动 Adobe Flash CS6 后，新建一个文档，设置文档大小为585×120像素，背景为白色。执行"文件"→"保存"菜单命令，将新文档保存，并命名为"服务三农"。

2. 动画制作

Step1 把素材文件夹里的所有图片导入到文档的库中，并用这些位图分别制作一个图形元件，效果如图4.15所示。

Step2 把元件"1"拖到"图层1"的第1帧处，设置元件"1"实例的位置和舞台重合，然后在"图层1"的第45帧处插入一个普通帧。

Step3 添加"图层2"，在该图层的第30帧处插入一个关键帧，把元件"2"拖到舞台上方，如图4.16所示。然后在"图层2"的第45帧处插入一个关键帧，把舞台上的元件"2"实例拖到和舞台重合，选中"图层2"第30帧到第45帧之间的任意一帧，执行"插入"→"传统补间"菜单命令。在"图层2"的第75帧处插入普通帧。

图4.15 库面板效果图

图4.16 元件"2"实例第30帧时相对于舞台的位置

Step4 依次添加"图层3"、"图层4"和"图层5",分别在三个图层的第 60 帧、第 90 帧和第 120 帧处插入一个关键帧,分别把元件"3"、"4"和"5"拖到舞台右侧、下方和左侧,然后分别在"图层3"、"图层4"和"图层5"的第 75 帧、第 105 帧和第 135 帧处插入一个关键帧,分别把舞台上的元件"3"、"4"和"5"的实例拖到与舞台重合,分别给"图层3"、"图层4"和"图层5"创建传统补间动画。最后分别在"图层3"、"图层4"和"图层5"的第 105 帧、第 135 帧和第 165 帧处插入普通帧,时间轴效果如图 4.17 所示。

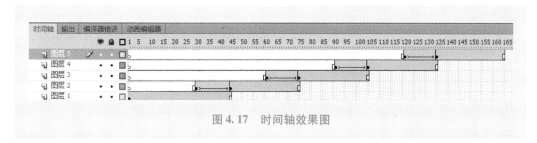

图 4.17 时间轴效果图

Step5 添加"图层6",在该图层的第 150 帧处插入一个关键帧,把元件"6"拖到舞台上方,并垂直放置,如图 4.18 所示,然后在"图层6"的第 165 帧处插入一个关键帧,把舞台上的元件"6"实例拖到和舞台重合,选中"图层6"第 150 帧到第 165 帧之间的任意一帧,执行"插入"→"传统补间"菜单命令。在"图层6"的第 180 帧处插入普通帧。

图 4.18 元件"6"实例第 150 帧时相对于舞台的位置

Step6 新建"图层7",在舞台上用文本工具输入"发展智能农业 建设美丽农村 帮助农民致富",设置颜色为红色(#FF0000),字体为黑体,大小为 20 点。然后调整文本在舞台上的位置。

Step7 新建"图层8",切换到"图层7",利用选择工具选中"图层7"上的文本,单击鼠标右键,弹出的快捷菜单中选择"复制",切换到"图层8"的第 1 帧,执行"编辑"→"粘贴到当前位置"菜单命令。

Step9 选中"图层8"上的文本,利用属性面板设置文本颜色为深绿色(#003300),然后向下向右微微移动文本。

★**提示:** 移动文本时,只需分别按一下键盘上的右方向键和下方向键即可。

Step10 保存文档,测试影片。

【技术讲解】

⭐ 4.4.1 传统补间动画的基本特点

在 Flash 的时间轴面板上，在某个图层的一个关键帧上放置一个元件，然后在同一图层的另一个关键帧改变这个元件的大小、颜色、位置、透明度等，Flash 根据两者之间的帧的值创建的动画被称为传统补间动画。

制作传统补间动画的步骤如下：

1. 创建动画文件

启动 Flash CS6，执行"文件"→"新建"命令。

2. 创建动画起始关键帧画面

选择任意一个帧为起始关键帧，如果它还不是一个关键帧，把它转换为一个关键帧（按【F6】键），在该帧处放置一个元件。

3. 创建动画结束关键帧画面

在同一个图层上，鼠标右键单击起始关键帧右侧的任意一帧处，在弹出的快捷菜单中选择"插入关键帧"，该帧就作为结束关键帧，选中结束关键帧上的元件实例，对其进行移动、缩放、旋转、修改颜色、修改透明度等操作。

4. 创建补间形状

选中起始帧到结束帧之间的任意一帧，执行"插入"→"传统补间"菜单命令，或者用鼠标右键单击开始关键帧到结束关键帧之间的任意一帧，在弹出的快捷菜单中选择"创建传统补间"，就可以创建好一个传统补间动画。

创建好传统补间动画后，在起始关键帧和结束关键帧之间的区域将变成蓝色的背景，上面有一个箭头。

 注意：创建传统补间动画时，舞台上的元素是元件，文本、位图等要先转换为元件。

传统补间动画可以实现旋转效果，旋转的运动效果是使实例在运动的同时旋转。设置方法是创建好传统补间动画之后，选中起始关键帧，再通过"属性"面板来设置，如图 4.19 所示。通过设置旋转方式来设置旋转效果，有 4 个选项，分别是"无"、"自动"、"顺时针"和"逆时针"，旋转下拉列表框后面的数字可以设置旋转的次数。

默认情况下传统补间动画实现的运动是匀速的，如果要有加速或减速效果，就需要用到缓动。同设置旋转效果类似，同样需要在创建好传统补间动画之后，选中起始关键帧，打开"属性"面板，如图 4.19 所示。缓动后面的数值如果为负数，则表示元件实例做加速运动；如果为 0，表示元件实例做匀速运动；如果为正数，则表示元件

图 4.19 设置旋转效果时用到的属性面板

实例做减速运动。缓动值的取值范围为［-100，100］。单击缓动后面的铅笔图标，可以打开"自定义缓入/缓出"面板，如图 4.20 所示。利用"自定义缓入/缓出"面板，可以对缓动效果进行更多的设置。

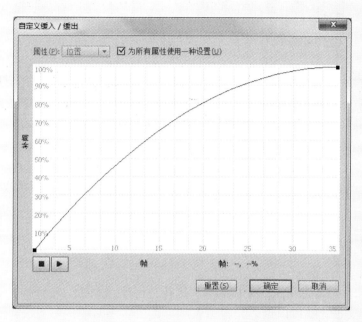

图 4.20　"自定义缓入/缓出"面板

另外，传统补间动画还可以改变元件实例的颜色、透明度等，前面的案例已有涉及，这里不再赘述。

4.4.2　元件的使用

在 Flash 中，通常将需要重复使用的图形、动画片段、按钮制作成元件，存放在文档的"库"面板中。每一个元件都有独立的时间轴、舞台和若干图层。

元件的优点有以下几点：

1）元件只需要创建一次，便可以在整个 Flash 文档中重复使用若干次。

2）修改某个元件，会使得所有由该元件生成的实例自动批量更新，而不必一个一个修改。

3）用户可以使用另一个文档中创建的元件，从而实现元件在文档间的共享。

4）元件在文档中只存储一次，即使无数次使用，也只存储一次，节省了大量空间。

5）可以加快 swf 文件的播放速度，因为一个元件只需下载到 Flash Player 中一次。

6）舞台上的每个元件的实例是一个整体，图形之间不会相互影响。

1. 元件的类型和建立

在 Flash 中有 3 种类型的元件，分别为图形元件、影片剪辑元件和按钮元件。

1）图形元件。图形元件主要是用于创建动画中可反复使用的图形，是制作动画的基本元素之一。图形元件中的内容可以是静态图像，也可以是由多个帧组成的动画，但不能对图形元件添加交互式行为和声音控制。

2）影片剪辑元件。影片剪辑元件本身就是一段可独立播放的动画，等同于一个完整的动画文件。在一个影片片段中可以包含其他多个动画片段，形成一种嵌套的结构。在播放影片时，影片剪辑元件不会随着主动画面的停止而结束工作，因此非常适合制作如下拉式菜单之类的动画元件。用户可对影片剪辑元件添加交互式行为和声音控制，使动画更加丰富多彩。

3）按钮元件。按钮元件用于响应鼠标的滑过、单击等操作。按钮元件主要包括"弹起"、"指针经过"、"按下"和"点击"4 种状态。通过在这 4 种状态中创建不同的内容，可以使按钮在不同的状态下呈现出相应的图形内容，以突出按钮对鼠标或按键的响应状况。

在 Flash 中有两种创建元件的方法：

方法一：

现在舞台上绘制好图形或导入位图，然后使用"选择工具"选中形状或位图，按【F8】快捷键或者执行"修改"→"转换为元件"菜单命令，或者用鼠标右键单击形状或位图，在弹出的快捷菜单中选择"转换为元件"，会打开"转换为元件"对话框，输入元件的名称和类型。用这种方法建立元件后，不仅"库"面板中有元件，舞台上也有它的实例。

方法二：

执行"插入"→"新建元件"菜单命令，打开"创建新元件"对话框，输入新元件的名称，设置元件的类型，就可以进入元件编辑状态，在元件编辑状态下绘制形状或导入位图等。返回主场景后，"库"面板中有建立好的元件，但舞台上没有对应的元件实例。

2. 元件的编辑

编辑元件，必须切换到元件编辑模式下才能进行，元件的编辑模式共有一般编辑、在当前位置编辑和在新窗口中编辑 3 种。

（1）一般编辑

当工作区中包含多个图形时，只有选中的元件显示在编辑区中，这是最常用的编辑操作。编辑元件有以下 4 种方法，用任意一种方法，都可进入编辑模式。

1）选中一个元件的实例，选择"编辑"→"编辑元件"命令。

2）右击一个元件实例，在弹出的快捷菜单中选择"编辑"。

3）在"库"面板中，双击需要编辑的元件。

4）单击"时间轴"窗口上方的"编辑元件"按钮，在弹出的菜单中，选择要编辑元件的名称，如图 4.21 所示。

（2）在当前位置编辑

当工作区中包含多个元件时，只有选中的元件才可以编辑，其他元件将以灰度显示。使用该模式，可以同时对比电影中其他元件，以便于更好地确定所编辑元件的位置。操作方法为：选中一个元件的实例，执行"编辑"→"在当前位置编辑"菜单命令，或者单击鼠标右键，在弹出的快捷菜单中选择"在当前位置

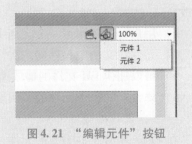

图 4.21 "编辑元件"按钮

编辑"，或者在场景中直接双击实例。

（3）在新窗口中编辑

将所选元件独立放置在一个新的工作区窗口中以供编辑。该编辑模式不常用，如果不喜欢在场景和元件之间切换，可以使用在新窗口中编辑模式。

在工作区选中一个元件实例后，单击鼠标右键，在弹出的快捷菜单中选择"在新窗口中编辑"，选中的元件在新的独立窗口中出现。

3. 使用其他 Flash 影片中的元件

用户在创建动画时有时需要使用其他 Flash 影片中的元件，操作步骤如下：

1）执行"文件"→"导入"→"打开外部库"菜单命令，打开"作为库打开"对话框，在该对话框中，选择要作为库打开的文件，打开该文件的元件"库"。

2）用户可以在当前影片中使用该文件"库"中的元件。选择所需的元件，即可将其他影片中的元件添加到当前文档中，则所选元件将自动添加到当前动画文件的"库"中。

> **注意**：对于打开的其他文档的元件"库"来说，用户只能使用其中的元件，而无法编辑元件"库"中的内容。

4.4.3　实例编辑

元件在动画中是通过创建元件实例的方式来使用的。实例是元件的一个引用，是元件在舞台上的具体体现。在创建好元件之后，将元件从"库"面板拖放到舞台上就为该元件创建了一个实例。Flash 文档中的所有地方都可以使用元件实例，包括在其他元件的内部。

每个元件实例都有独立于该元件的属性。用户可以对实例进行编辑，如改变实例的大小、位置、色调、透明度等，还可以对实例进行缩放、旋转、倾斜、重新定义实例的类型，并可以设置动画在图形实例内的播放形式。而这些变化不会对元件产生任何影响。

图 4.22　"色彩效果"选项

实例的大小和位置，可以通过属性面板，或者利用"任意变形工具"对其进行调整。而要对实例的颜色进行调节，可以通过打开"属性"面板，设置"色彩效果"选项来完成，如图 4.22 所示。

如果选择"亮度"，下面会出现一个滑动条，如图 4.23 所示，用户可以拖动滑块，或者在文本框中输入百分比，来调节元件实例变暗或者变亮。如果选择"Alpha"，同样会出现一个滑动条，如图 4.24 所示，用户可以拖动滑块，或者在文本框中输入百分比，来调节元件实例的透明度。如果选择"色调"，会出现四个滑动条，如图 4.25 所示，可以通过拖动滑块或输入数值或单击颜色块，并选取颜色，来调节实例的色调。如果选择"高级"，会出现如图 4.26 所示的界面，用户可以综合上面的三种功能对实例进行调节。

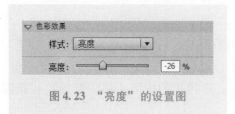

图 4.23 "亮度"的设置图

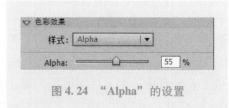

图 4.24 "Alpha"的设置

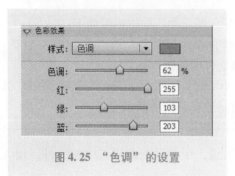

图 4.25 "色调"的设置

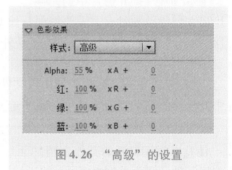

图 4.26 "高级"的设置

修改实例，不会影响元件，但是修改元件便会影响实例。如果要断开元件与实例之间的连接关系，可以分离实例。对于图形实例，分离后与"元件"脱离了内在关系，它成了舞台中一个孤立元素。对于按钮实例，分离后变成单帧的元素，显示为原按钮第一帧的内容。对于影片剪辑，分离后变成一个单帧的元素，其内容为原影片剪辑的第一帧，如果有多个图层，那么为第一帧的内容叠加。分离后，修改该实例的元件，不会影响到已分离的实例。而且"组合"操作只能得到"图形的集合"，恢复不了原元件的类型。

4.4.4 滤镜效果

滤镜是一种应用到对象上的视觉效果。Flash 允许对文本、影片剪辑实例或按钮实例添加滤镜效果。

1. 添加滤镜

选中文本或影片剪辑实例或按钮实例后，打开"属性"面板，单击"滤镜"选项卡，打开该选项卡面板，如图 4.27 所示。单击面板左下角的"添加滤镜"按钮，在弹出的菜单中可以选择要添加的滤镜选项，也可以执行删除、启用和禁止滤镜效果，如图 4.28 所示。

添加滤镜效果后，可以设置滤镜的相关属性，每种滤镜效果的属性设置都有所不同，下面将介绍这些滤镜的属性设置。

（1）投影滤镜

单击舞台上的文本或影片剪辑实例或按钮实例，选择"属性"面板上的"滤镜"选项，单击"添加滤镜"按钮，然后在菜单中选择"投影"选项，接下来就可以在"滤镜"选项

图 4.27　展开"滤镜"选项卡

图 4.28　"添加滤镜"菜单

区修改相关的滤镜设置，如图 4.29 所示。具体参数的含义如下：

【模糊 X】、【模糊 Y】——设置投影的宽度和高度。可在其后的文本框中输入数值。

【强度】——设置投影的阴暗度。在其后的文本框中输入数值。数值越大，阴影就越暗。

【品质】——在下拉列表框中选择投影的质量级别。有高、中、低 3 个选项，选择高则近似于高斯模糊，选择低可以实现最佳的回放性能。

【角度】——设置投影的角度。可在其后的文本框中输入数值。

【距离】——设置投影与对象之间的距离。可在其后的文本框中输入数值。

【挖空】——勾选此复选框，可挖空（即从视觉上隐藏）源对象，并在挖空图像上只显示投影。

【内阴影】——勾选此复选框，在对象边界内应用阴影。

【隐藏对象】——勾选此复选框，隐藏对象并且只显示其阴影，可以更轻松地创建出逼真的阴影。

【颜色】——设置阴影的颜色。单击其后的图标，在弹出的颜色选择器中选择颜色。

（2）模糊滤镜

单击舞台上的文本或影片剪辑实例或按钮实例，选择"属性"面板上的"滤镜"选项，单击"添加滤镜"按钮，然后在菜单中选择"模糊"选项，接下来就可以在"滤镜"选项区修改相关的滤镜设置，如图 4.30 所示。具体参数的含义如下：

【模糊 X】、【模糊 Y】——设置模糊的宽度和高度。

【品质】——在下拉列表框中选择模糊的质量级别。

（3）发光滤镜

单击舞台上的文本或影片剪辑实例或按钮实例，选择"属性"面板上的"滤镜"选项，单击"添加滤镜"按钮，然后在菜单中选择"发光"选项，接下来就可以在"滤镜"选项区修改相关的滤镜设置，如图 4.31 所示。具体参数的含义如下：

【模糊 X】、【模糊 Y】——设置发光的宽度和高度。在其后的文本框中输入数值。

【强度】——设置发光的清晰度。

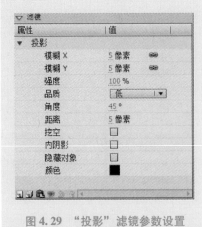

图 4.29 "投影"滤镜参数设置

图 4.30 "模糊"滤镜参数设置

【品质】——在下拉列表框中选择发光的质量级别。

【颜色】——设置发光的颜色。单击其后的图标，在弹出的颜色选择器中选择颜色。

【挖空】——勾选此复选框，可挖空（即从视觉上隐藏）源对象，并在挖空图像上只显示发光。

【内发光】——勾选此复选框，在对象边界内应用发光。

（4）斜角滤镜

单击舞台上的文本或影片剪辑实例或按钮实例，选择"属性"面板上的"滤镜"选项，单击"添加滤镜"按钮，然后在菜单中选择"斜角"选项，接下来就可以在"滤镜"选项区修改相关的滤镜设置，如图 4.32 所示。具体参数的含义如下：

图 4.31 "发光"滤镜参数设置

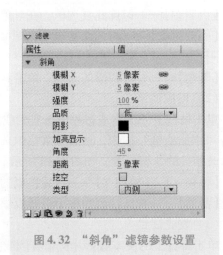

图 4.32 "斜角"滤镜参数设置

【模糊 X】、【模糊 Y】——设置斜角的宽度和高度。在其后的文本框中输入数值。

【强度】——设置斜角的不透明度并且不影响其宽度。在其后的文本框中输入数值。

【品质】——在下拉列表框中选择斜角的质量级别。

【阴影】、【加亮显示】——设置斜角的阴影和加亮的颜色。单击其后的图标，在弹出的颜色选择器中选择颜色。

【角度】——设置斜边投下的阴影角度。在其后的文本框中输入数值设置角度值。

【距离】——设置斜角的宽度。在其后的文本框中输入数值。

【挖空】——勾选此复选框，可挖空（即从视觉上隐藏）源对象，并在挖空图像上只显示斜角。

【类型】——在下拉列表框中选择斜角应用于对象的类型。有内侧、外侧和全部 3 个选项。

（5）渐变发光滤镜

单击舞台上的文本或影片剪辑实例或按钮实例，选择"属性"面板上的"滤镜"选项，单击"添加滤镜"按钮，然后在菜单中选择"渐变发光"选项，接下来就可以在"滤镜"选项区修改相关的滤镜设置，如图 4.33 所示。具体参数的含义如下：

【模糊 X】、【模糊 Y】——设置斜角的宽度和高度。在其后的文本框中输入数值。

【强度】——设置斜角的不透明度并且不影响其宽度。在其后的文本框中输入数值。

【品质】——在下拉列表框中选择渐变发光的质量级别。

【角度】——设置发光投下的阴影角度。在其后的文本框中输入数值。

【距离】——设置阴影与对象之间的距离。在其后的文本框中输入数值。

【挖空】——勾选此复选框，可挖空（即从视觉上隐藏）源对象，并在挖空图像上只显示渐变发光。

【类型】——在下拉列表框中为对象选择应用的发光类型。有内侧、外侧和全部 3 个选项。

【渐变】——设置发光的渐变颜色。渐变包含两种或多种可相互淡入或混合的颜色。单击渐变定义栏下的颜色指针，在弹出的颜色选择器中选择颜色。滑动颜色指针，可调整该颜色在渐变中的级别和位置。

（6）渐变斜角滤镜

单击舞台上的文本或影片剪辑实例或按钮实例，选择"属性"面板上的"滤镜"选项，单击"添加滤镜"按钮，然后在菜单中选择"渐变斜角"选项，接下来就可以在"滤镜"选项区修改相关的滤镜设置，如图 4.34 所示。具体参数的含义如下：

图 4.33　"渐变发光"滤镜参数设置

图 4.34　"渐变斜角"滤镜参数设置

101

【模糊 X】、【模糊 Y】——设置斜角的宽度和高度。在其后的文本框中输入数值。

【强度】——设置斜角的平滑度并且不影响其宽度。在其后的文本框中输入数值。数值越大，阴影就越暗。

【品质】——在下拉列表框中选择渐变斜角的质量级别。

【角度】——设置光源的角度。在其后的文本框中输入数值。

【距离】——设置斜角的宽度。在其后的文本框中输入数值。

【挖空】——勾选此复选框，可挖空（即从视觉上隐藏）源对象，并在挖空图像上只显示渐变斜角。

【类型】——在下拉列表框中为对象选择应用的斜角类型。有内侧、外侧和全部 3 个选项。

【渐变】——设置斜角的渐变颜色。渐变包含两种或多种可相互淡入或混合的颜色。单击渐变定义栏下的颜色指针，在弹出的颜色选择器中选择颜色。滑动颜色指针，可调整该颜色在渐变中的级别和位置。

（7）调整颜色滤镜

单击舞台上的文本或影片剪辑实例或按钮实例，选择"属性"面板上的"滤镜"选项，单击"添加滤镜"按钮，然后在菜单中选择"调整颜色"选项，接下来就可以在"滤镜"选项区修改相关的滤镜设置，如图 4.35 所示。具体参数的含义如下：

【对比度】——调整图像的加亮、阴影及中调，在其后的文本框中输入数值，取值范围为 –100～100。

【亮度】——调整图像的亮度，在其后的文本框中输入数值，取值范围为 –100～100。

【饱和度】——调整颜色的强度，在其后的文本框中输入数值，取值范围为 –100～100。

【色相】——调整颜色的深浅，在其后的文本框中输入数值，取值范围为 –180～180。

2. 复制粘贴滤镜

选择要从中复制滤镜的对象，单击"滤镜"选项卡左下角的"剪贴板"按钮，然后从弹出菜单中选择"复制所选"。若要复制所有滤镜，可选择"复制全部"。最后选择要应用滤镜的对象，并单击"剪贴板"按钮，然后从弹出菜单中选择"粘贴"选项，如图 4.36 所示。

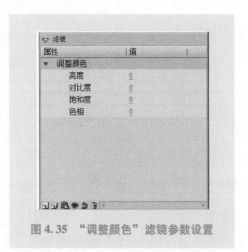

图 4.35 "调整颜色"滤镜参数设置

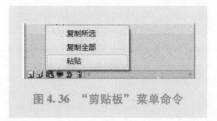

图 4.36 "剪贴板"菜单命令

3. 预设滤镜

首先将一个或多个滤镜应用到某个对象。然后选择滤镜并单击"预设"按钮，然后选择"另存为"，在"将预设另存为"对话框中，输入滤镜设置的名称，单击"确定"即可创建预设滤镜。通过单击"预设"按钮，还可以对预设滤镜进行重命名和删除操作。

定义好预设滤镜，就可以为其他对象应用预设滤镜了。首先选择要应用滤镜预设的对象，然后选择"滤镜"选项卡，单击"预设"按钮，从预设菜单底部的可用预设列表中，选择要应用的滤镜预设即可。

> **注意**：将预设滤镜应用于对象时，Flash 会将当前应用于所选对象的所有滤镜替换为该预设中使用的滤镜。

4.5 制作"七夕相会"动画

【案例概述】

本案例利用"补间动画"技术制作了一个"七夕相会"的动画。通过本案例的学习，读者主要可以掌握"补间动画"的制作方法和特点。部分效果如图 4.37 所示。

图 4.37 "七夕相会"动画的某一个画面

【实现过程】

1. 设置"文档属性"

启动 Adobe Flash CS6 后，新建一个文档，选择动作脚本为 ActionScript 2.0。设置文档大小为 712×400 像素，背景为白色。执行"文件"→"保存"菜单命令，将新文档保存，并命名为"七夕相会"。

2. 导入素材

把素材文件夹里的所有图片和声音文件导入到文档的库中。

3. 制作元件

Step1 ▶ 新建一个影片剪辑元件，命名为"月亮"，进入元件编辑状态，在舞台上绘制一个直径为 132 的圆形，无笔触颜色，填充颜色为浅黄色（#FFFF99）。

Step2 ▶ 新建一个影片剪辑元件，命名为"牛郎"，进入元件编辑状态，把库中的"牛郎织女 . jpg"拖到舞台上，将该位图分离，分离后先用"套索工具"把牛郎先圈取出来，删除其他内容，接下来用"魔术棒"选择剩余的背景，选中后，按【Delete】键删除，如果还有多余的背景存在，用橡皮擦工具擦除。扣取出来的牛郎如图 4.38 所示，把人物放在舞台中央位置。返回"场景 1"。

Step3 ▶ 新建一个影片剪辑元件，命名为"织女"，进入元件编辑状态，用 Step2 同样的方法把织女从位图"牛郎织女 . jpg"中扣取出来，并放在舞台中央位置，返回"场景 1"。

Step4 ▶ 新建一个图形元件，命名为"牛郎织女"，进入元件编辑状态，把库中的"牛郎"元件和"织女"元件分别拖放到舞台上，并调整元件的位置，如图 4.39 所示。

图 4.38 "牛郎"元件里的内容

图 4.39 "牛郎织女"元件里的内容

Step5 ▶ 新建一个影片剪辑元件，命名为"相会"，进入元件编辑状态，把库中的"牛郎织女"元件拖到舞台的中央位置，在"图层 1"的第 30 帧处插入一个普通帧，选中"图层 1"的第 1 帧到第 30 帧之间的任意一帧，执行"插入"→"补间动画"菜单命令。用鼠标右键单击"图层 1"的第 10 帧，在弹出的快捷菜单中选择"插入关键帧"→"旋转"命令，如图 4.40 所示，然后用"任意变形工具"单击第 10 帧处的元件实例，并将实例顺时针旋转一个角度，如图 4.41 所示。用同样的方法在"图层 1"的第 20 帧和第 30 帧处分别插入同样的关键帧，并对第 20 帧处的实例逆时针旋转一定的角度，如图 4.42 所示，第 30 帧处的实例与第 1 帧处的实例一样，恢复初始角度。返回"场景 1"。

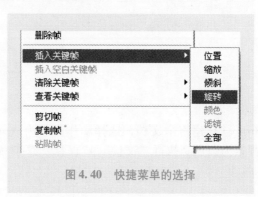

图 4.40 快捷菜单的选择

图 4.41　"相会"元件第 10 帧处的实例效果

图 4.42　"相会"元件第 20 帧处的实例效果

Step6 新建一个影片剪辑元件，命名为"玫瑰心"，进入元件编辑状态，把库中的"玫瑰心.png"拖到舞台中央位置，返回"场景 1"。

Step7 新建一个影片剪辑元件，命名为"love"，进入元件编辑状态，把库中的"玫瑰.jpg"拖到舞台上，然后用文本工具在位图旁边输入文本"love"，设置字体为"Impact"，字号为 90 点。然后执行"修改"→"分离"菜单命令两次。单击工具箱里的"墨水瓶工具"，设置笔触颜色为黑色，然后在分离好的文字边缘处添加边框，添加好后的效果如图 4.43 所示。然后按【Delete】键，将边框内的填充颜色删除，删除后的效果如图 4.44 所示。然后调整旁边的图片大小，锁定宽高比，设置宽度为 245，然后按【Ctrl + B】快捷键，将位图分离，然后将线框文字拖到分离后的位图上，接着删除文字以外的部分，最终效果如图 4.45 所示。返回"场景 1"。

图 4.43　给分离后的文本加边框

图 4.44　删除填充颜色后的效果

图 4.45　love 最终效果图

4. 动画制作

Step1 把"图层 1"重命名为"背景"，然后把库中的"鹊桥.jpg"拖到舞台上，调整到合适位置，在"图层 1"的第 260 帧处插入普通帧。

Step2 新建一个图层，重命名为"月亮"，然后把库中的"月亮"元件拖到舞台的下方，通过"属性"面板给实例添加"发光"滤镜效果，参数设置如图 4.46 所示。

Step3 用鼠标右键单击"月亮"图层第 1 帧到第 260 帧之间的任意一帧，在弹出的快捷菜单中选择"创建补间动画"，然后用鼠标右键单击"月亮"图层的第 60 帧，弹出的快捷

105

菜单中选择"插入关键帧"→"位置"命令，然后将第 60 帧上的实例拖到舞台的上方位置，此时第 1 帧到第 60 帧之间元件实例的运动轨迹会显示在舞台上，如图 4.47 所示。

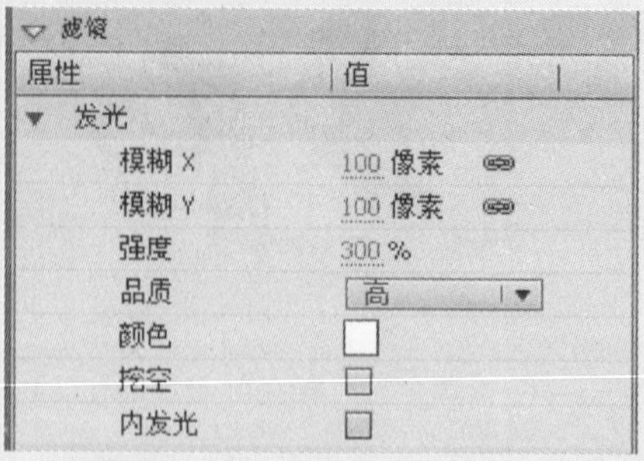

Step4 新建一个图层，重命名为"角色 1"，从库中把"牛郎"元件拖到舞台上，并调整位置，使之站在拱形鹊桥的左侧，然后在"角色 1"图层的第 90 帧处插入一个关键帧，在"角色 1"图层的第 90 帧处单击鼠标右键，在弹出的快捷菜单中选择"创建补间动画"，再用鼠标右键单击"角色 1"图层的第 120 帧，在弹出的快捷菜单中选择"插入关键帧"→"位置"命令，将

图 4.46 "月亮"元件实例的发光滤镜参数设置

第 120 帧上的实例拖到舞台中间靠右位置，并使角色站在桥上。此时第 90 帧到第 120 帧之间元件实例的运动轨迹会显示在舞台上，但此时的运动轨迹是直线，如图 4.48 所示。利用"选择工具"调整运动轨迹的平滑度，效果如图 4.49 所示。选中"角色 1"图层的第 121 帧到 260 帧，单击鼠标右键，在弹出的快捷菜单中选择"删除帧"。

106

图 4.47 "月亮"元件实例的运动轨迹

图 4.48 "牛郎"元件实例的直线运动轨迹

图 4.49　"牛郎"元件实例的曲线运动轨迹

Step5 新建一个图层，重命名为"角色 2"，从库中把"织女"元件拖到舞台上，并调整位置，使之站在拱形鹊桥的右侧，然后在"角色 2"图层的第 90 帧处插入一个关键帧，在"角色 2"图层的第 90 帧处单击鼠标右键，在弹出的快捷菜单中选择"创建补间动画"。再用鼠标右键单击"角色 2"图层的第 120 帧，弹出的快捷菜单中选择"插入关键帧"→"位置"命令，将第 120 帧上的实例拖到舞台中间靠右位置，并使角色站在桥上，此时第 90 帧到第 120 帧之间元件实例的运动轨迹会显示在舞台上，但此时的运动轨迹是直线，利用"选择工具"调整运动轨迹的平滑度。选中"角色 2"图层的第 121 帧到 260 帧，单击鼠标右键，在弹出的快捷菜单中选择"删除帧"。

Step6 新建一个图层，重命名为"相会"，在该图层的第 121 帧处插入一个关键帧，然后把库中的"相会"元件拖到舞台上，位置可以参照舞台上"牛郎"和"织女"元件实例的位置。

Step7 新建一个图层，重命名为"心"，在该图层的第 121 帧处插入一个关键帧，然后把库中的"玫瑰心"元件拖到舞台上，调整实例位置，使得"玫瑰心"实例放在"相会"实例的上方，让两个人物角色能够显示在心内部。选中舞台上的"玫瑰心"实例，通过"属性"面板设置该实例的 Alpha 值为 0%。

Step8 用鼠标右键单击"心"图层的第 121 帧，在弹出的快捷菜单中选择"创建补间动画"，然后再用鼠标右键单击该图层的第 150 帧，在弹出的快捷菜单中选择"插入关键帧"→"颜色"命令，选中第 150 帧处的"玫瑰心"实例，通过"属性"面板，把实例的 Alpha 值改为 100%。

Step9 新建一个图层，重命名为"文本"，用文本工具在舞台左上角输入"七夕相会"，设置字号为 28 点，字体为"黑体"，颜色为黄色（#FFFF33）。选中舞台上的文本"七夕相会"，执行"修改"→"转换为元件"菜单命令，在弹出的对话框中设置元件名称为"文本"，类型为"影片剪辑"，单击"确定"按钮。选中"文本"图层的第 40 帧，按【F6】键。然后用鼠标右键单击"文本"图层的第 40 帧，在弹出的快捷菜单中选择"3D 补间"。打开"动画编辑器"，选中第 40 帧，设置"旋转 Y"的属性值为 360°。

Step10 用鼠标右键单击"文本"图层第 1 帧到第 40 帧之间的任意一帧，在弹出的快捷菜单中选择"另存为动画预设"命令，会弹出"将预设另存为"对话框，设置名称为"3D 旋转"，单击"确定"按钮。

Step11 新建一个图层，重命名为"love"，在该图层的第 151 帧处插入一个关键帧，然后把库中的"love"元件拖到舞台的左下角，位置可参见图 4.37。

Step12 选中"love"图层第 151 帧处的元件实例，执行"窗口"→"动画预设"菜单命令，打开"动画预设"面板，在"自定义预设"文件夹下选择"3D 旋转"，单击"应用"按钮。

Step13 新建一个图层，重命名为"音乐"，选中该图层的第 1 帧，打开"属性"面板，设置声音名称为"鹊桥会.wav"，同步为"数据流"。

Step14 保存文档，测试影片。

【技术讲解】

☆ 4.5.1 补间动画的创建

补间动画的对象类型包括影片剪辑、图形和按钮元件以及文本对象。创建好元件后，把元件放置在舞台上，然后在需要结束动画的帧处按【F5】键或者单击鼠标右键，在弹出的快捷菜单中选择"插入帧"。请注意，是插入帧不是插入关键帧。在需要创建补间动画的图层上单击鼠标右键，在弹出的快捷菜单中选择"创建补间动画"，就可以看到创建补间动画的图层变成了浅蓝色，如图 4.50 所示，但是还没有创建动画效果。接下来只需要单击中间的某个帧，然后拖到舞台上的元件实例，就会发现选中帧变成了一个关键帧，同时舞台上会自动产生运动轨迹。这就是最简单的补间动画，而且这个动画实现了对象位置的变化。接下来，可以利用"选择工具"，调整运动路径，让直线变为任意曲线。

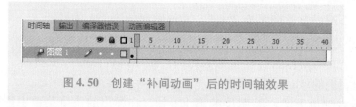

图 4.50 创建"补间动画"后的时间轴效果

其实补间动画除了可以做位置的变化，还可以做旋转、缩放、倾斜、颜色改变、滤镜变化等效果，还可以做一些 3D 补间动画。制作方法和位置变化的类似。

☆ 4.5.2 补间动画与传统补间动画的区别

补间动画与传统补间动画都可以实现元件实例从一个位置到另一个位置的变化，还可以实现同一个元件的大小、位置、颜色、透明度、旋转等属性的变化。但是还有很多不同的地方：

1）传统补间使用关键帧，关键帧是显示对象的新实例的帧。补间动画只能有一个与之关联的对象实例，使用属性关键帧而不是关键帧。

2）补间动画与传统补间都只允许对特定类型的对象进行补间。若应用补间动画则在创建补间时会将所有不允许的对象类型转换为影片剪辑元件，而传统补间动画则会把不允许的对象类型转换为图形元件。

3）补间动画会将文本视为可补间的类型，而不会将文本对象转换为元件。传统补间会将文本转换为图形元件。

4）在补间动画范围上不允许帧脚本，而传统补间允许帧脚本。

5）能够在时间轴中对补间动画范围进行拉伸和调整大小，并将它们视为单个对象。传统补间在时间轴中可通过移动关键帧的位置调整传统补间的范围。

6）若要在补间动画范围中选择单个帧，必需按住【Ctrl】键并单击帧。而传统补间动画范围内可以直接单击某个帧进行帧的选择。

7）对于传统补间动画，缓动可应用于补间内关键帧之间的帧组。对于补间动画，缓动可应用于补间动画范围的整个长度。若要仅对补间动画的特定帧应用缓动，则需要创建自定义缓动曲线。

8）利用传统补间能够在两种不同的色彩效果（如色调和 Alpha 透明度）之间创建动画。补间动画能够对每个补间应用一种色彩效果。

9）只能够使用补间动画来为 3D 对象创建动画效果。无法使用传统补间为 3D 对象创建动画效果。

10）只有补间动画才能保存为动画预设。

11）对于补间动画，无法交换元件或设置属性关键帧中显现的图形元件的帧数。而传统补间则可以应用这些技术。

109

4.5.3　动画编辑器的使用

如果想使补间动画的效果更精确或者要达到某个想要实现的特殊效果，可以使用"动画编辑器"。利用动画编辑器可以对补间动画进行精确地调试。动画编辑器的面板位于场景的正下方，如图 4.51 所示。在动画编辑器中可以实现创建自定义缓动曲线、设置各属性关键帧的值、重置各属性或属性类别、向各个属性和属性类别添加不同的预设缓动等操作。想要通过"动画编辑器"来对对象属性进行编辑，必须选中补间动画的时间轴或者选中补间动画中的对象。否则会出现如图 4.52 所示的提示。

"动画编辑器"从上到下由基本动画、转换、色彩效果、滤镜、缓动五项组成。每一部分又从左到右分为属性、值、缓动、关键帧、曲线图五部分。可以用鼠标拖动窗口边界调整编辑器窗口的大小，也可以通过改变窗口最下方的"图形大小"按钮调整选项的可见高度，通过"可查看的帧"按钮调曲线图中可以看到的帧数。

"基本动画"的属性包括：X、Y、旋转 Z 三项。X、Y 是动画图形的 X、Y 坐标（单位是像素）。旋转 Z 是动画图形的旋转角度（单位是度）。右侧是相应的值。调节这些值有两种方法：一是把鼠标放在数值上左右拖动可以增减数值；二是在数值上单击，直接输入新值。

用户可以在"动画编辑器"面板中给补间动画添加或删除关键帧。具体方法是：在时间轴上选中一个帧，然后单击面板上的"添加或删除关键帧"按钮，如图 4.53 所示。另外利用该面板还可以快速切换到前一个或后一个关键帧。

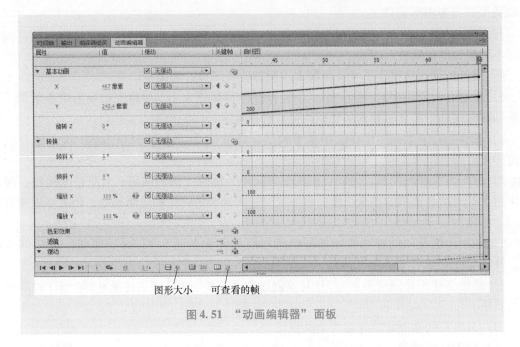

图 4.51 "动画编辑器"面板

110

图 4.52 "动画编辑器"无法编辑的提示

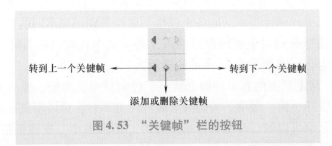

图 4.53 "关键帧"栏的按钮

　　"曲线图"表示的是动画的效果，横坐标是动画的帧数，它有播放头可以用来在补间中移动；它有帧编号提示用户目前在哪个帧。用户可以移动播放头来预览动画，在时间轴上单击某个帧或者单击帧编号，切换到动画编辑器，可以使播放头移动到当前位置。纵坐标表示当前的数值，在基本动画中，X、Y 属性后边的数值表示当前动画元件在场景中的位置，Z的数值是动画元件旋转的度数。每个对应的关键帧会有一个调节点，在场景中拖动物体的位置或者在动画编辑器左侧调整属性值时，曲线图中会有相应变化，也可以在曲线图中调整横纵坐标来改变动画方式，可以拖动调节点或者拖动两点之间的线来调整。

　　动画编辑器的缓动栏里允许用户给实例属性添加缓动，还可以在缓动菜单旁边的复选框中启用或禁用此缓动。用户用动画编辑器的缓动区在补间中添加缓动，这些缓动将可以利用菜单添加到每个属性或者一类的属性。添加属性缓动后，图表将更新点画线来显示动画值。

"转换"包括横、纵两个方向的倾斜和缩放，是对当前对象形状、大小的调整。"倾斜"指的是图形在水平和垂直方向上的倾斜角度（要注意倾斜的中心点），"缩放"指的是图水平和垂直方向上的缩放百分比，可以锁定纵横等比例缩放。

新建动画时，色彩效果和滤镜的界面很简单，只有" + "和" – "两项。" + "用来给对象添加效果，" – "可以将添加的效果删除。色彩效果共有四个选项：Alpha、亮度、色调、高级颜色，如图 4.54 所示。滤镜有 7 个选项，即投影、模糊、发光、斜角、渐变发光、渐变斜角、调整颜色，如图 4.55 所示。

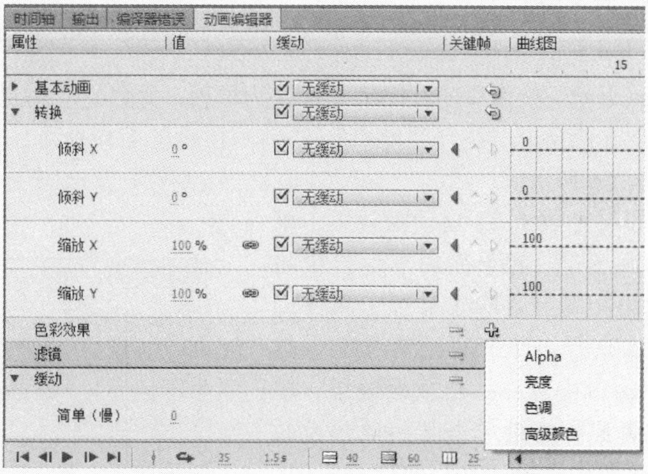

图 4.54　"色彩效果"的四个选项

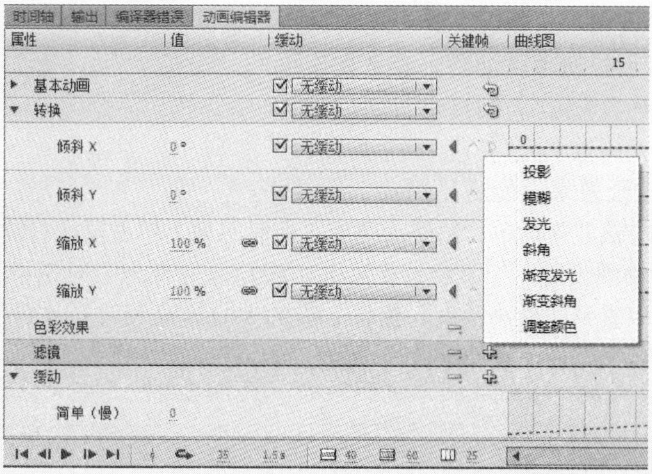

图 4.55　"滤镜"的七个选项

"缓动"是指动画过程中的加速或减速，可以使动画看起来更真实。例如，物体在下落运动阶段是以加速形式运动的，在弹起阶段是以减速形式运动的。"缓动"中包括简单（慢）、简单（中）、简单（快）、简单（最快）、停止并启动（慢）、停止并启动（中）、停止并启动（快）、停止并启动（最快）、回弹、回弹、弹簧、正弦波、锯齿波、方波、随机、阻尼波几种已经定义好的动画形式，我们还可以用"自定义"选项定义我们自己的"缓动"。

选择"缓动"后面的"＋"按钮，选择一个选项，则"缓动"的下面就多出此选项的可编辑项。如果系统自带的这些波形都不能满足需要，我们也可以自定义缓动效果。

设置好缓动后，单击上面的四项：基本动画、转换、色彩效果和滤镜的第三个选项"缓动"中就会多出一个选择项目，可以为它们设置缓动效果了。

4.5.4 动画预设

动画预设功能可以把一些做好的补间动画保存为模板，并将它应用到其他对象上。元件和文本对象可以应用动画预设。执行"窗口"→"动画预设"菜单命令，就可以打开"动画预设"面板，如图 4.56 所示。

其中"默认预设"中共有 32 项动画效果，单击其中任意一个动画预设，在上面的小窗口中将出现相应的动画效果预览。这些效果对于制作动画很有用，使用时，选择一个元件或者文字，然后在"动画预设"窗口中选择一项预设效果，单击"应用"按钮或者鼠标右键单击某一项预设效果，在弹出的快捷菜单中选择"在当前位置应用"即可。这时在场景中可以看到动画效果，同时图层的图标会发生变化，对于文字，有些选项的部分属性不能应用时会弹出提示。这里需要特殊强调的是，在按下"应用"按钮时，预设动画是以物体所在位置为起点添加预设动画，若是在按下【Shift】键同时按下"应用"，则可以得到以物体所在位置为终点的动画效果。

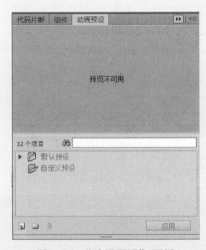

图 4.56　"动画预设"面板

如果这 32 种动画效果不能满足用户的需要，还可以自定义。其方法非常简单，做好动画后，在时间轴上单击鼠标右键，在弹出的快捷菜单中选择"另存为动画预设…"命令，会弹出"将预设另存为"对话框，在该对话框中输入预设名称，就可以看到"动画预设"窗口下边的"自定义预设"文件夹中出现了新建的动画预设。用户自定义好的预设和默认预设的使用方法完全一样。

第5章
引导路径动画和遮罩动画制作
——多层次的动画表现手法

通过前面章节的学习，读者掌握了基础动画的制作方法。如果读者想表现更加复杂的动画，就需要用到引导动画和遮罩动画。其中引导动画可以使角色沿着随意的轨迹运动，如飘落的雪花、自由飞翔的小鸟，在水中游来游去的小鱼等。而遮罩动画可以制作一些神奇的效果，比如百叶窗效果、探照灯效果、荡漾的水波、万花筒、电影字幕等。

学习要点

- 制作引导动画
- 制作遮罩动画

CS6

5.1 制作"璀璨星空"案例

【案例概述】

本案例利用"引导路径动画"技术制作了一个"璀璨星空"动画，通过本案例的学习，读者主要可以掌握引导动画的制作过程，引导路径的应用技巧。部分效果如图 5.1 所示。

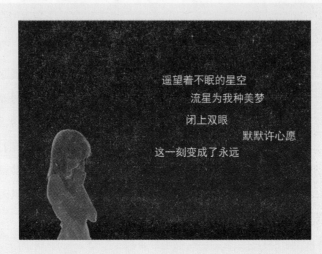

图 5.1 "璀璨星空"动画的某一个画面

【实现过程】

1. 设置"文档属性"

启动 Adobe Flash CS6 后，新建一个文档，选择动作脚本为 ActionScript 2.0。设置文档大小为 550×400 像素，背景为黑色。执行"文件"→"保存"菜单命令，将新文档保存，并命名为"璀璨星空"。

2. 导入素材

把素材文件夹里的所有图片导入到文档的库中。

3. 制作元件

Step1 新建一个图形元件，命名为"背景"，进入元件编辑状态，把库中的"夜晚.jpg"图片拖到舞台上，设置 X 和 Y 的值均为 0，返回"场景 1"。

Step2 新建一个图形元件，命名为"女孩"，进入元件编辑状态，把库中的"女孩.jpg"图片拖到舞台上，选中图片，按组合键【Ctrl + B】，将图片分离，然后利用魔术棒等工具将背景选中并删除，只保留女孩的图形，如图 5.2 所示。返回"场景 1"。

Step3 新建一个图形元件，命名为"星星"，进入元件编辑状态，在舞台上绘制一个圆形，笔触颜色为无，填充颜色为放射性渐变，中心颜色为白色，Alpha 值为 100%，外圈颜色也为白色，Alpha 值为 0%。新建一个图层，然后在舞台上利用多角星形工具绘制一个三角形，利用"任意变形工具"将其变形，效果如图 5.3 所示。

图 5.2　"女孩"元件最终效果图

图 5.3　变形后的三角形

Step4　复制一个变形后的三角形，选中复制出来的三角形，执行"修改"→"变形"→"水平翻转"菜单命令，将翻转后的三角形拖动到第一个三角形左侧，让两者融合成一个菱形，如图 5.4 所示。

图 5.4　菱形效果图

Step5　选中细长的菱形，打开"颜色"面板，修改"填充颜色"类型为"线性渐变"，在颜色条的中间位置上，单击鼠标左键，这样就会添加一个颜色块，分别单击两边的颜色块，设置颜色为白色（#FFFFFF），A：（Alpha）值为 0%，再单击中间的颜色块，设置颜色为白色（#FFFFFF），A：（Alpha）值为 100%，如图 5.5 所示。设置完成后的菱形效果，如图 5.6 所示。

图 5.5　菱形填充颜色的设置

图 5.6　菱形设置完颜色后的效果

Step6 选中菱形，打开"变形"面板，设置旋转角度为90°，然后单击"重制选区和变形"按钮，如图 5.7 所示，设置完后，舞台上的形状如图 5.8 所示。

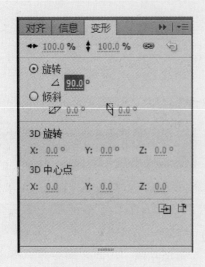

图 5.7 "变形"面板的设置

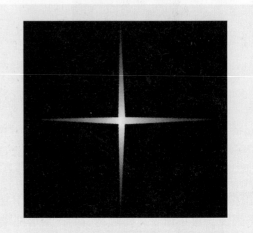

图 5.8 旋转变形复制后的形状效果图

Step7 将"星星"元件两个图层里的形状分别放置于舞台的中央，效果如图 5.9 所示，然后回到"场景 1"。

Step8 新建一个影片剪辑元件，命名为"星星闪"，进入元件编辑状态。把"星星"元件拖到舞台上，通过属性面板设置"星星"元件实例的大小，将高度值和宽度值锁定在一起，设置宽度为30。然后在"图层 1"的第 10 帧和第 20 帧处分别插入一个关键帧，然后将第 10 帧处的元件实例的宽度和高度均改为 15，将第 20 帧处的元件实例的宽度和高度均改为 25。选中"图层 1"第 1 帧到第10 帧之间的任意一帧，执行"插入"→"传统补间"菜单命令，使用同样的方法在第 10 帧到第 20 帧间创建"传统补间"动画。最后回到"场景 1"。

图 5.9 "星星"元件最终效果图

Step9 新建一个图形元件，命名为"流星"，进入元件编辑状态，在舞台上绘制一个如图 5.10 所示的流星形状，填充颜色为线性渐变类型，左侧颜色为白色，Alpha 值为 100%，右侧颜色为白色，Alpha 值为 0%，制作完成后，返回"场景 1"。

图 5.10 流星形状效果图

Step10 新建一个影片剪辑元件，命名为"流星闪"，进入元件编辑状态，把"流星"元件拖到舞台上，通过属性面板调整其大小和位置，使其 X 和 Y 的值均为 0，宽度为 142，高度为 2.4，然后在"图层 1"的第 2 帧处插入一个关键帧，选中第 2 帧舞台上的元件实例，改变其宽度和高度，使宽度为 172，高度为 2.45。新建一个图层，在"图层 2"上放置一个"流星"元件实例，然后通过属性面板调整元件实例，使其 X 为 -2.3，Y 为 0，宽度为 154，高度为 7.5，Alpha 值为 25%。然后拖动"图层 2"到"图层 1"的下方，回到"场景 1"。

Step11 新建一个影片剪辑元件，命名为"流星飞过"，进入元件编辑状态，把"流星闪"元件拖到舞台上，修改位置，使其 X 和 Y 的值均为 0，在"图层 1"的第 60 帧处插入一个关键帧，修改该帧处元件实例的位置，使其 X 为 -340。在"图层 1"的第 80 帧处插入一个关键帧，修改该帧处元件实例的位置，使其 X 为 -490。在"图层 1"的第 1 帧到第 60 帧之间以及第 60 帧到第 80 帧之间分别创建传统补间动画。新建一个图层，在"图层 2"的第 80 帧处插入一个关键帧，用鼠标右键单击该帧，在弹出的快捷菜单中选择"动作"命令，在"动作"窗口的命令窗格中输入"stop( );"。返回"场景 1"。

Step12 新建一个图形元件，命名为"文本 1"，进入元件编辑状态，在舞台上输入文本"遥望着不眠的星空"，设置文本字体为黑体，大小为 20 点，返回"场景 1"。

Step13 再创建 4 个图形元件，分别命名为"文本 2"、"文本 3"、"文本 4"和"文本 5"。这几个元件的内容分别为"流星为我种美梦"、"闭上双眼"、"默默许心愿"和"这一刻变成了永远"。其中字体均为黑体，大小都是 20 点。

Step14 新建一个影片剪辑元件，命名为"文本"，进入元件编辑状态，把"文本 1"元件拖到舞台上，在"图层 1"的第 20 帧出插入一个关键帧，用鼠标右键单击第 1 帧到第 20 帧之间的任意一帧，弹出的快捷菜单中选择"创建传统补间"。新建一个图层，在"图层 2"的第 20 帧处插入一个关键帧，把"文本 2"元件拖到舞台上，在"图层 2"的第 40 帧出插入一个关键帧，在"图层 2"的第 20 帧到第 40 帧之间创建传统补间动画。用同样的方法分别创建"图层 3"、"图层 4"和"图层 5"，这几个图层里分别放置元件"文本 3"、"文本 4"和"文本 5"，分别在"图层 3"的第 40 帧到第 60 帧、"图层 4"

的第 60 帧到第 80 帧、"图层 5"的第 80 帧到第 100 帧之间创建传统补间动画。用鼠标右键单击"图层 5"的第 100 帧，在弹出的快捷菜单中选择"动作"命令，在"动作"窗口的命令窗格中输入"stop( );"。

Step15 用鼠标右键单击"图层 5"，在弹出的快捷菜单中选择"添加传统运动引导层"，则会在"图层 5"的上方添加一个新图层"引导层：图层 5"，在该图层上用铅笔工具绘制一条如图 5.11 所示的路径。

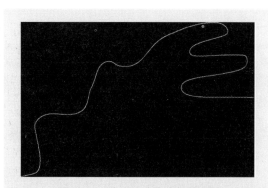

图 5.11　引导层里的路径效果图

★ 提示：在用铅笔工具绘制路径之前，先在工具箱的选项区，设置铅笔模式为"平滑"。笔触颜色任意，只要与黑色背景有反差即可。

Step16 ▶ 依次拖动"图层4"、"图层3"、"图层2"、"图层1"到引导图层的范围内，如图 5.12 所示。

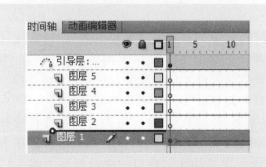

图 5.12 拖动图层到引导图层的范围内

Step17 ▶ 选中"图层1"的第1帧，把舞台上的"文本1"元件实例的 Alpha 值改为 0%，然后拖动该元件实例到引导线的左端，并使实例的中心点吸附在引导线上，如图 5.13 所示。单击"图层1"的第20帧，拖动舞台上的实例到引导线的右端，并使实例的中心点吸附在引导线上，如图 5.14 所示。

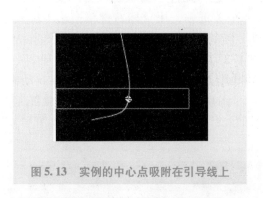

图 5.13 实例的中心点吸附在引导线上

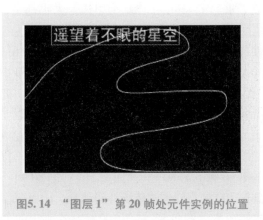

图 5.14 "图层1"第20帧处元件实例的位置

Step18 ▶ 使用同样的方法，调整"图层2"、"图层3"、"图层4"和"图层5"中元件实例的透明度和位置。

★ 提示："文本"影片剪辑元件中各个图层结束关键帧中文本图形元件的位置可参照图 5.1 进行设置。

4. 动画制作

Step1 ▶ 回到"场景1"，将"图层1"重命名为"背景"，把"背景"元件拖到舞台上，调整位置，让其与舞台重合，选中舞台上的"背景"元件实例，通过属性面板，调整其色彩效果，样式选为"色调"，单击后面的颜色块，修改颜色为黑色，色调值修改为62%，如图5.15所示。

图 5.15 "背景"元件实例的色彩效果设置

Step2 新建一个图层，重命名为"女孩"，选中该图层的第1帧，把库中的"女孩"元件拖到舞台上，调整元件实例的大小、位置和色彩效果，并对其进行水平翻转。

119

注意："女孩"元件实例调整后应该能把背景上的两个人遮盖住。

提示：要对一个对象进行水平翻转，只需选中一个对象，然后执行"修改"→"变形"→"水平翻转"菜单命令即可。

Step3 新建一个图层，重命名为"星星"，然后拖动库中的"星星"元件到舞台上，调整其大小和位置，复制若干个元件实例到舞台上，并分别调整实例的大小和位置。

Step4 新建一个图层，重命名为"会闪的星星"，然后在舞台上，创建多个"星光闪闪"元件的实例，分别调整实例的大小和位置。

Step5 新建一个图层，重命名为"流星"，选中该图层的第1帧，把库中的"流星飞过"元件拖到舞台的右上角，调整实例大小，并利用"变形面板"，将该元件实例，旋转大约 −16°。

Step6 新建一个图层，重命名为"文本"，选中该图层的第1帧，把库中的"文本"元件拖到舞台上，调整实例的位置。

Step7 保存文档，测试影片。

【技术讲解】

⭐ 5.1.1 引导路径应用技巧

将一个或多个层链接到一个运动引导层，使一个或多个对象沿同一条路径运动的动画形式被称为"引导路径动画"。这种动画可以使一个或多个元件完成曲线或不规则运动。

一个最基本"引导路径动画"由两个图层组成，上面一层是"引导层"，下面一层是"被引导层"。引导层是用来指示元件运行路径的，所以"引导层"中的内容可以是用钢笔、铅笔、线条、椭圆工具、矩形工具或画笔工具等绘制出的线段。而"被引导层"中的对象是跟着引导线走的，可以是影片剪辑元件、图形元件、按钮元件、文字等，但不能是形状。由于引导线是一种运动轨迹，不难想象，"被引导"层中最常用的动画形式是传统补间动画。可以在一个引导层下设置多个被引导层。

引导路径应用的技巧包括：

1）"被引导层"中的对象在被引导运动时，还可进行更细致的设置，比如运动方向。在"属性"面板上，勾选"路径调整"复选框，会使元件实例朝向与路径一致。而如果勾选"贴紧"复选框，可以使动画中的元件贴紧路径运动，如图 5.16 所示。

2）引导层中的内容在播放时是看不到的，利用这一特点，可以单独定义一个不含"被引导层"的"引导层"，该引导层中可以放置一些文字说明、元件位置参考等。

3）在做引导路径时，按下工具箱中的"贴紧至对象"按钮，可以使"对象附着于引导线"的操作更容易成功，拖动对象时，对象的中心点会自动吸附到路径上。

4）向被引导层中放入元件时，在动画开始关键帧上实例的中心点要与引导线路径的首端对齐，动画的结束关键帧上元件实例的中心点应对准路径的结束端点，否则无法引导。如果元件为不规则形，可以单击工具箱中的任意变形工具，调整其中心点。

5）如果想解除引导，可以把被引导层拖离"引导层"，或在引导图层上单击鼠标右键，在弹出的菜单上选择"属性"，会弹出"图层属性"对话框，在对话框中选择类型为"一般"，则引导图层会变为普通图层，如图 5.17 所示。

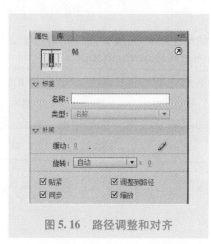

图 5.16　路径调整和对齐

图 5.17　图层的"属性"面板

6）如果想让对象作圆周运动，可以在引导图层上用椭圆工具绘制一条圆形线条，再用橡皮擦工具擦去一小段，使圆形线段出现两个端点，再把起始关键帧和结束关键帧上元件实例的中心点与路径的起始端点、终止端点分别对准即可。

7）引导线允许重叠，比如螺旋状引导线，但在重叠处的线段必须保持圆滑，让 Flash 能辨认出线段走向，否则会使引导失败。

☆ 5.1.2　多条引导线的应用

除了可以在一个引导层下设置多个被引导层外，也可以多条引导线引导一个对象作引导动画。当然一个动画里也可以出现多个引导动画，比如蝴蝶和蜻蜓分别做不同的引导动画。下面的例子是一个对象有多条引导线的情况。动画的部分画面如图 5.18 所示。

图 5.18　蝴蝶飞舞动画部分画面

该案例的制作过程如下：

Step1　新建一个大小为 550×320 像素，帧频为 24fps 的文档。

Step2　将默认的"图层 1"修改为"花丛"，选择"文件"→"导入"→"导入到舞台"菜单，将素材"花丛.jpg"导入到舞台中，修改图片的位置，使图片与舞台重合。在"花丛"图层的第 170 帧按【F5】键插入帧，使静态图形始终不变，锁定该图层。

Step3　选择"文件"→"导入"→"导入到库"菜单，将素材"蝴蝶.png"导入到库中，新建一个名为"蝴蝶"的影片剪辑元件。进入元件编辑状态，把"蝴蝶.png"拖到舞台上，利用变形面板把位图的大小变为原来的 30%。

Step4　鼠标右键单击"图层 1"的第 5 帧，插入关键帧。利用"任意变形工具"对蝴蝶进行水平方向的压缩，把蝴蝶翅膀压扁，效果如图 5.19 所示。

Step5　在"图层 1"的第 7 帧处插入普通帧，退出元件编辑状态，返回"场景 1"中。

Step6　在"花丛"图层上方新建一个名为"蝴蝶"的图层，从库中拖曳"蝴蝶"元件至"蝴蝶"图层第 1 帧的舞台上。

图 5.19　变形前后的蝴蝶图片对比

Step7 在"蝴蝶"图层的第 70、90、115、125 和 150 帧处按【F6】键插入关键帧，在第 170 帧处插入帧；并分别用鼠标右键单击 1~70、90~115、125~150 帧内的任意一帧，在弹出的菜单中选择"创建传统补间"命令，创建传统动作补间动画。

Step8 用鼠标右键单击"蝴蝶"图层，在弹出的菜单中选择"添加传统运动引导层"，此操作会自动为"蝴蝶"图层的运动动画添加一个引导层，Flash 会自动将该层命名为"引导层：蝴蝶"。

Step9 在引导层的第 1 帧，选用"铅笔工具"，选项平滑，画出蝴蝶飞行的轨迹（也即引导线），用橡皮擦工具在引导线上（即在想要蝴蝶停留的位置上）擦出一个小缺口，如图 5.20 所示。

图 5.20 引导层路径示意图

Step10 在"蝴蝶"图层的第 1 帧，用选择工具将"蝴蝶"元件实例拖到最右侧缺口的右端，元件实例的中心点一定要压在引导线上。利用"任意变形工具"对蝴蝶进行一定角度的旋转，如图 5.21 所示。

图 5.21 "蝴蝶"图层的第 1 帧时"蝴蝶"元件实例的位置

Step11 在"蝴蝶"图层的第 70 帧，用选择工具将"蝴蝶"元件实例拖到下一个缺口的左端，并利用"任意变形工具"对蝴蝶进行一定角度的旋转，元件实例的中心点一定要压在引导线上。

Step12 用同样的方法，分别调整"蝴蝶"图层第 90 帧、第 115 帧、第 125 帧、第 150 帧处"蝴蝶"元件实例的位置以及旋转角度，并要保证元件实例的中心点一定要压在引导线上。

Step13 分别选择"蝴蝶"图层第 1、90、125 帧，打开"属性"面板，勾选"调整到路径"复选框。

Step14 选择菜单"控制"→"测试影片"就可以预览蝴蝶在花丛中飞舞的效果了。

Step15 选择"文件"→"保存"菜单，输入文件名"蝴蝶飞舞"并保存当前文件。

5.2 制作"Flash 动态相册"

【案例概述】

本案例利用"遮罩动画"技术制作了一个"Flash 动态相册"。通过本案例的学习，读者可以了解什么是"遮罩动画"，并掌握制作"遮罩动画"的基本方法，部分动画效果如图 5.22 所示。

图 5.22 "Flash 动态相册"动画的一个画面

【实现过程】

1. 设置"文档属性"

启动 Adobe Flash CS6 后，新建一个文档，选择动作脚本为 ActionScript 2.0。设置文档大小为 800×600 像素，背景为白色。执行"文件"→"保存"菜单命令，将新文档保存，并命名为"Flash 动态相册"。

2. 导入素材

把素材文件夹里的所有图片和声音导入到文档的库中。

3. 制作照片切换动画

Step1 新建一个影片剪辑类型的元件，命名为"遮罩1"，进入元件编辑状态，在舞台上绘制一个430×570像素的矩形，无笔触颜色，填充颜色为红色。打开"对齐"面板，设置该矩形相对于舞台"水平中齐"且"垂直中齐"。

Step2 执行"视图"→"标尺"菜单命令，把鼠标放在水平标尺上，按住鼠标左键，拖出两条水平辅助线，使其将矩形在垂直方向上分割为高度相同的三等份。使用线条工具，沿着辅助线，画出两条水平线分割形状，然后新建两个图层，使分割的三块形状分别放置在不同的图层上，如图5.23所示。

Step3 同时选中"图层1"、"图层2"和"图层3"的第15帧，按【F6】键插入关键帧。使用任意变形工具，分别调整"图层1"、"图层2"和"图层3"的第1帧，使得形状块分别向左向右压缩为一条线，并在三个图层中分别创建"形状补间"动画，如图5.24所示。新建"图层4"，在第15帧插入一个关键帧，单击鼠标右键，在弹出的快捷菜单中选择"动作"选项，输入"stop();"。

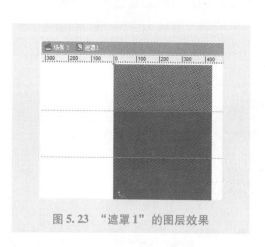

图5.23 "遮罩1"的图层效果

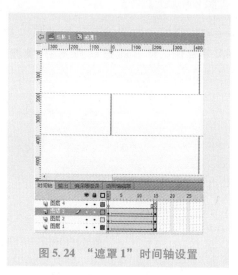

图5.24 "遮罩1"时间轴设置

Step4 回到"场景1"，再新建一个影片剪辑元件，名称为"元件1"，进入元件编辑状态，把"库"面板中的"1.jpg"图片拖到舞台上，并且设置图片相对于舞台"水平中齐"、"垂直中齐"。新建"图层2"，把刚做好的"遮罩1"元件拖到舞台的中央。在"图层2"上单击鼠标右键，在弹出的快捷菜单中选择"遮罩层"，此时"图层1"自动变成被遮罩层。

Step5 回到"场景1"，新建一个影片剪辑类型的元件，命名为"遮罩2"，进入元件编辑状态，在舞台上绘制一个高度为570像素的六边形形状，无笔触颜色，填充颜色为红色。打开"对齐"面板，设置该矩形相对于舞台"水平中齐"且"垂直中齐"。

Step6 选中"图层1"的第15帧，按【F6】键一起插入关键帧。通过属性面板，调整"图层1"第1帧的形状高度为2，将宽度值和高度值锁定在一起，并在该图层中创建"形状补间"动画。新建"图层2"，在第15帧插入一个关键帧，单击鼠标右键，在弹出的快捷菜单中选择"动作"选项，输入"stop();"。

Step7 回到"场景 1",新建一个影片剪辑元件,名称为"元件 2",进入元件编辑状态,把"库"面板中的"2. jpg"图片拖到舞台上,并且设置图片相对于舞台"水平中齐"、"垂直中齐"。新建"图层 2",把刚做好的"遮罩 2"元件拖到舞台的中央。在"图层 2"上单击鼠标右键,在弹出的快捷菜单中选择"遮罩层",此时"图层 1"自动变成被遮罩层。

Step8 回到"场景 1",新建一个影片剪辑类型的元件,命名为"遮罩 3",进入元件编辑状态,在舞台上绘制一个 430×570 像素的矩形,无笔触颜色,填充颜色为红色。打开"对齐"面板,设置该矩形相对于舞台"水平中齐"且"垂直中齐"。把鼠标放在水平标尺上,按住鼠标左键,拖出五条水平辅助线,使其将矩形在垂直方向上分割为高度相同的六等份。使用线条工具,沿着辅助线,画出五条水平线分割形状,然后新建五个图层,使分割的六块形状分别放置在不同的图层上。

Step9 同时选中"图层 1"、"图层 2"、"图层 3"、"图层 4"、"图层 5"和"图层 6"的第 15 帧,按【F6】键一起插入关键帧。使用任意变形工具,分别调整"图层 1"、"图层 2"、"图层 3"、"图层 4"、"图层 5"和"图层 6"的第 1 帧,使得形状块分别向上压缩为一条线,并在六个图层中分别创建"形状补间"动画,如图 5.25 所示。新建"图层 7",在第 15 帧插入一个关键帧,单击鼠标右键,在弹出的快捷菜单中选择"动作"选项,输入"stop( );"。

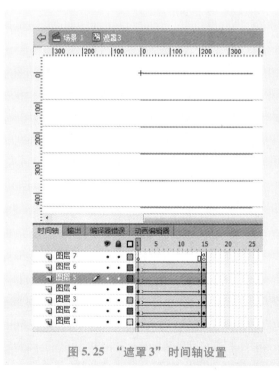

图 5.25　"遮罩 3"时间轴设置

Step10 回到"场景 1",新建一个影片剪辑元件,名称为"元件 3",进入元件编辑状态,把"库"面板中的"3. jpg"图片拖到舞台上,并且设置图片相对于舞台"水平中齐"、"垂直中齐"。新建"图层 2",把刚做好的"遮罩 3"元件拖到舞台的中央。在"图层 2"上单击鼠标右键,在弹出的快捷菜单中选择"遮罩层",此时"图层 1"自动变成被遮罩层。

Step11 回到"场景 1",新建一个影片剪辑类型的元件,命名为"遮罩 4",进入元件编辑状态，在舞台上绘制一个大小为 430×570 像素的矩形，无笔触颜色，填充颜色为红色。打开"属性"面板，设置该矩形的位置，X 为 0，Y 为 0。

Step12 选中"图层 1"的第 15 帧，按【F6】键一起插入关键帧。通过属性面板，调整"图层 1"的第 1 帧的形状宽度为 2，将宽度值和高度值锁定在一起，X 为 0，Y 为 0，并在该图层中创建"形状补间"动画。新建"图层 2"，在第 15 帧插入一个关键帧，单击鼠标右键，在弹出的快捷菜单中选择"动作"选项，输入"stop( );"。

Step13 回到"场景 1"，新建一个影片剪辑元件，名称为"元件 4"，进入元件编辑状态，把"库"面板中的"4. jpg"图片拖到舞台上，并且设置图片相对于舞台"水平中齐"、"垂直中齐"。新建"图层 2"，把刚做好的"遮罩 4"元件拖到舞台的中央。在"图层 2"上单击鼠标右键，在弹出的快捷菜单中选择"遮罩层"，此时"图层 1"自动变成被遮罩层。

Step14 回到"场景 1"，新建一个影片剪辑类型的元件，命名为"遮罩 5"，进入元件编辑状态，在舞台上绘制一个 430×570 像素的矩形，无笔触颜色，填充颜色为红色。打开"对齐"面板，设置该矩形相对于舞台"水平中齐"且"垂直中齐"。把鼠标放在水平标尺上，按住鼠标左键，拖出一条水平辅助线，使其将矩形在垂直方向上分割为高度相同的两等份。把鼠标放在垂直标尺上，按住鼠标左键，拖出一条垂直辅助线，使其将矩形在水平方向上分割为宽度相同的两等份。使用线条工具，沿着辅助线，画出两条线分割形状，然后新建三个图层，使分割的四块形状分别放置在不同的图层上。

Step15 同时选中"图层 1"、"图层 2"、"图层 3"和"图层 4"的第 15 帧，按【F6】键插入关键帧。使用任意变形工具，分别调整"图层 1"、"图层 2"、"图层 3"和"图层 4"、的第 1 帧，使得形状块分别向各个角压缩为一个小矩形，并在 4 个图层中分别创建"形状补间"动画，如图 5.26 所示。新建"图层 5"，在第 15 帧插入一个关键帧，单击鼠标右键，在弹出的快捷菜单中选择"动作"选项，输入"stop( );"。

Step16 回到"场景 1"，新建一个影片剪辑元件，名称为"元件 5"，进入元件编辑状态，把"库"面板中的"5. jpg"图片拖到舞台上，并且设置图片相对于舞台"水平中齐"、"垂直中齐"。新建"图层 2"，把刚做好的"遮罩 5"元件拖到舞台的中央。在"图层 2"上单击鼠标右键，在弹出的快捷菜单中选择"遮罩层"，此时"图层 1"自动变成被遮罩层。

Step17 回到"场景 1"，新建一个影片剪辑类型的元件，命名为"遮罩 6"，进入元件编辑状态，在舞台上绘制一个高度为 570 像素的正圆形，无笔触颜色，填充颜色为红色。打开"对齐"面板，设置该矩形相对于舞台"水平中齐"且"垂直中齐"。

Step18 选中"图层 1"的第 15 帧，按【F6】键一起插入关键帧。通过属性面板，调整"图层 1"的第 1 帧的形状高度为 2，将宽度值和高度值锁定在一起，并在该图层中创建"形状补间"动画。新建"图层 2"，在第 15 帧插入一个关键帧，单击鼠标右键，在弹出的快捷菜单中选择"动作"选项，输入"stop( );"。

Step19 回到"场景 1"，新建一个影片剪辑元件，名称为"元件 6"，把"库"面板中的"6. jpg"图片拖到舞台上，并且设置图片相对于舞台"水平中齐"、"垂直中齐"。新建"图层 2"，把刚做好的"遮罩 6"元件拖到舞台的中央。在"图层 2"上单击鼠标右键，在弹出的快捷菜单中选择"遮罩层"，此时"图层 1"自动变成被遮罩层。

Step20 回到"场景 1"，新建一个影片剪辑元件，名称为"照片切换"，进入元件编辑状态，在"图层 1"的第 38 帧、76 帧、114 帧、150 帧、188 帧处分别插入一个关键帧，在

230 帧处插入普通帧。然后分别把"元件 1"、"元件 2"、"元件 3"、"元件 4"、"元件 5"和"元件 6"放到第 1 帧、第 38 帧、第 76 帧、第 114 帧、第 150 帧和第 188 帧处的舞台中央处。

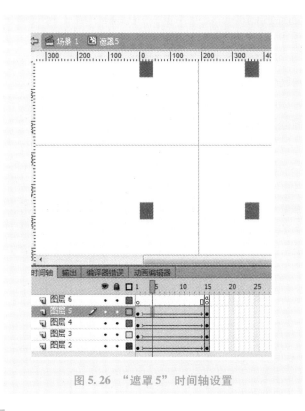

图 5.26   "遮罩 5"时间轴设置

4. 制作歌词动画

Step1   在"库"面板中新建一个文件夹,命名为"歌词",在该文件夹中,新建一个图形元件"歌词 1",打开素材文件夹中的"歌词.txt",复制里面的第一句歌词,用文本工具,把歌词粘贴到舞台中央位置,设置文本大小为 30 点,字体为"幼圆",颜色为黑色。

Step2   新建一个影片剪辑元件,命名为"歌词 1 进入"。在"图层 1"第 1 帧处放置"歌词 1"元件,对齐到舞台中央,在第 40 帧处插入帧。新建"图层 2",在该图层的第 1 帧处绘制一个能覆盖图层 1 中的歌词的矩形,用鼠标右键单击该矩形,在弹出的快捷菜单中,选择"转换为元件",设置名称为"矩形条",类型为图形元件,然后把该元件移动到歌词的左边,如图 5.27 所示。在"图层 2"的第 40 帧处插入一个关键帧,把"矩形条"元件实例拖到能覆盖住所有歌词的位置。在第 1 帧到第 40 帧之间创建"传统补间"动画,新建一个图层,在第 41 帧处插入一个关键帧,输入动作脚本"stop( );"。

喝奶奶你的脚别乱踹

图 5.27   "矩形条"元件实例的初始位置

Step3 同制作"歌词1进入"的方法类似，依次制作"歌词2进入"、"歌词3进入"和"歌词4进入"的影片剪辑元件。

> ⚠ **注意**：每句歌词播放的时间长度不同，所以制作后3句歌词进入的影片剪辑时，时间轴的长度分别为45帧、35帧和43帧。

5. "场景1"动画制作

Step1 回到"场景1"，将"图层1"重命名为"照片"，把"照片切换"元件拖放在舞台的右侧，在第224帧处插入普通帧。

Step2 新建一个图层，命名为"装饰"，然后把"库"面板中的"装饰.png"、"音符.png"和"蝴蝶.png"分别放置在舞台上，大小和位置可以参照图5.22，再用文本工具输入"亲亲宝贝"四个字，大小为60点，字体为华文行楷，颜色为粉色（#FF9999）。

Step3 新建一个图层，命名为"音乐"，单击该图层的第1帧，在"属性"面板中设置声音的相关参数，如图5.28所示。

图5.28 声音的设置

Step4 新建一个图层，命名为"歌词标记"，把播放头调整到该图层的第1帧，按【Enter】键开始播放音乐，当听到第1句歌词的时候马上按【Enter】键停止播放，此时第1句歌词大概出现在第15帧处，在"歌词标记"图层的第15帧处插入一个关键帧，然后在属性面板中设置帧的"名称"为"1"，设置类型为"注释"，如图5.29所示。

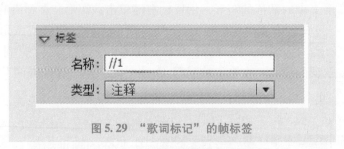

图5.29 "歌词标记"的帧标签

Step5 用Step4同样的方法，找到第一句歌词的结束位置，以及后面三句歌词的开始和结束位置，并分别给帧加上注释。

★提示： 为了准确找到每句歌词开始和结束的位置，可以试听多遍音乐来判断。

Step6 把"歌词 1 进入"拖放到"歌词"图层的第 15 帧处,，其他歌词的设置方法与之相同。

★提示： 歌词进入元件实例在舞台上的位置可以借助辅助线来定位。

Step7 保存文件，测试影片。

【技术讲解】

☺ 5.2.1　遮罩动画概述

"遮罩"顾名思义就是遮挡住下面的对象。在 Flash 中，"遮罩动画"通过"遮罩层"来达到有选择地显示位于其下方的"被遮罩层"中的内容的目的。在一个遮罩动画中，"遮罩层"只有一个，"被遮罩层"可以有任意多个。

在 Flash 动画中，"遮罩"主要有两种用途：一个作用是用在整个场景或一个特定区域，使场景外的对象或特定区域外的对象不可见；另一个作用是用来遮罩住某一元件的一部分，从而实现一些特殊的效果，如水波、瀑布、万花筒、百叶窗、放大镜、望远镜等。

☆ 5.2.2　制作遮罩动画的基本方法

在 Flash 中没有一个专门的按钮来创建遮罩层，遮罩层其实是由普通图层转化而来的。读者只要在要某个图层上单击鼠标右键，在弹出快捷菜单中把"遮罩"前打个钩，该图层就会生成遮罩层。"层图标"就会从普通层图标变为遮罩层图标，软件会自动把遮罩层下面的一层关联为"被遮罩层"。

遮罩层中的图形对象在播放时是看不到的，遮罩层中的内容可以是按钮、影片剪辑、图形、位图、文字等，但不能使用线条，如果一定要用线条，可以将线条转化为"填充"。

被遮罩层中的对象只能透过遮罩层中的对象被看到。在被遮罩层，可以使用按钮，影片剪辑，图形，位图，文字，线条。

可以在遮罩层、被遮罩层中分别或同时使用形状补间动画、动作补间动画等动画手段，从而使遮罩动画变成一个可以施展无限想象力的创作空间。

遮罩层的基本原理是：能够透过该图层中的对象看到"被遮罩层"中的对象及其属性（包括它们的变形效果），但是遮罩层中的对象中的许多属性（如渐变色、透明度、颜色和线条样式等）却是被忽略的。比如，我们不能通过遮罩层的渐变色来实现被遮罩层的渐变色变化。要在场景中显示遮罩效果，可以锁定遮罩层和被遮罩层。可以用"AS"动作语句建立遮罩，但这种情况下只能有一个"被遮罩层"，且不能设置 Alpha 属性。不能用一个遮罩层试图遮蔽另一个遮罩层。遮罩可以应用在 gif 格式的动画上。在制作过程中，遮罩层经常挡住下层的元件，影响视线，无法编辑，可以按下遮罩层时间轴面板的显示图层轮廓按钮，使遮罩层只显示边框形状。在这种情况下，还可以拖动边框调整遮罩图形的外形和位置。在被遮罩层中不能放置动态文本。

5.3 制作 "蛋糕房广告" 宣传动画

【案例概述】

本案例利用"遮罩动画"技术和"引导动画"技术制作了一个"蛋糕房广告"宣传动画，通过本案例的学习，读者主要可以掌握设置一个图层遮罩多个图层，以及引导动画和遮罩动画的综合应用。部分动画效果如图 5.30 所示。

图 5.30 "蛋糕房广告"动画的部分画面

【实现过程】

1. 设置"文档属性"

启动 Adobe Flash CS6 后，新建一个文档，选择动作脚本为 ActionScript 2.0。设置文档大小为 773×300 像素，背景为橙色（#FF9900）。执行"文件"→"保存"菜单命令，将新文档保存，并命名为"蛋糕房广告"。

2. 导入素材

把素材文件夹里的所有图片导入到文档的库中。

3. 制作元件

Step1　新建一个图形元件，命名为"圆形"，进入元件编辑状态，在舞台上绘制一个直径为 202 像素的圆，填充颜色和笔触颜色任意。返回"场景 1"。

Step2　新建一个影片剪辑元件，命名为"运动的圆"，进入元件编辑状态，从库中把"圆形"元件拖到舞台上，在"图层 1"的第 60 帧处插入一个关键帧，把第 60 帧处的元件实例拖到舞台右侧。用鼠标右键单击"图层 1"，在弹出的快捷菜单中选择"添加传统运动引导层"，则在"图层 1"上方自动添加一个图层"引导层：图层 1"，在引导层中用铅笔绘制一条圆滑的波浪线。然后分别调整"图层 1"第 1 帧和第 60 帧处的元件实例，使得元件实例的中心点压在引导路径上。返回"场景1"。

Step3 新建一个图形元件，命名为"矩形条"，进入元件编辑状态，在舞台上用矩形工具绘制一个矩形，高度为95像素，宽度为773像素，笔触颜色为无，填充颜色为径向渐变类型，其中，中心颜色为浅橙色（#FFFF99），外围颜色为橙色（#FF9900）。返回"场景1"。

Step4 新建一个图形元件，命名为"特殊形状"，进入元件编辑状态，在舞台上用矩形工具绘制一个矩形，高度为95，宽度为320，笔触颜色为无，填充颜色为径向渐变类型，其中，中心颜色为浅橙色（#FFFF99），外围颜色为橙色（#FF9900）。然后绘制一个细长月亮形状，填充颜色与矩形填充颜色一致，再绘制另一个更细的月亮形状，填充颜色为白色，把绘制好的几个形状组合成一个特殊形状，如图5.31所示。返回"场景1"。

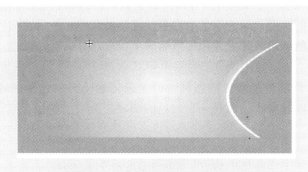

图5.31　"特殊形状"元件里的形状

Step5 新建一个图形元件，命名为"白色矩形条"，进入元件编辑状态，在舞台上用矩形工具绘制一个矩形，高度为200，宽度为14，笔触颜色为无，填充颜色为白色，然后利用"变形"面板将矩形条旋转 –25°。返回"场景1"。

Step6 新建一个影片剪辑元件，命名为"文字动画"，进入元件编辑状态，利用文本工具在舞台上输入"蓉缘蛋糕"和"美味可口"两行文本，字体为"华文行楷"，字号为45点，颜色为棕色（#CC6600），位置安排如图5.32所示。

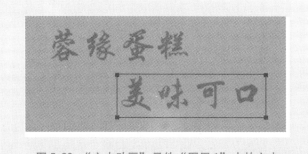

图5.32　"文本动画"元件"图层1"中的文本

Step7 新建"图层2"，选中"图层1"中的"美味可口"文本，执行"编辑"→"复制"菜单命令，在"图层2"的第18帧处插入一个关键帧，选中该帧，执行"编辑"→"粘贴到当前位置"菜单命令，选中刚复制出来的文本，把文本颜色改为浅黄色（#FFFF99）。新建"图层3"，选中"图层1"中的"蓉缘蛋糕"文本，执行"编辑"→"复制"菜单命令，在

"图层 3"的第 18 帧处插入一个关键帧，选中该帧，执行"编辑"→"粘贴到当前位置"菜单命令，选中刚复制出来的文本，把文本颜色改为浅黄色（#FFFF99）。

Step8 新建"图层 4"，在该图层的第 18 帧处插入一个关键帧，然后把库中的"白色矩形条"元件拖到舞台上，把元件实例放在所有文本的左侧，在"图层 4"的第 50 帧处插入一个关键帧，然后把该帧处的元件实例拖到文本右侧。然后在第 18 帧到第 50 帧之间创建传统补间动画。用鼠标右键单击"图层 4"，在弹出的快捷菜单中勾选"遮罩层"，则"图层 3"自动转换为被遮罩层，此时，把"图层 2"也拖到遮罩层的遮罩范围内。返回"场景 1"。

Step9 新建一个图形元件，命名为"圆"，进入元件编辑状态，在舞台的中央位置绘制一个直径为 108 像素的圆，填充颜色为白色，无笔触颜色。返回"场景 1"。

Step10 新建一个图形元件，命名为"圆环"，进入元件编辑状态，在舞台的中央位置绘制一个直径为 240 像素的圆形，填充颜色为白色，无笔触颜色，然后在白色圆形的旁边再绘制一个直径为 230 像素的圆形，填充颜色可以为除了白色之外的任意颜色，无笔触颜色，打开"对齐"面板，勾选"与舞台对齐"，然后单击"水平中齐"和"垂直中齐"按钮，如图 5.33 所示，使第二个绘制的圆形也放在舞台的中央位置，与白色圆形成为同心圆。然后把第二个绘制的圆形删除，剩下的就是一个白色的圆环。返回"场景 1"。

图 5.33 "对齐"面板

Step11 新建一个影片剪辑元件，命名为"圆环动画"，把库中的"圆环"元件拖到舞台上，设置元件实例的宽度和高度均为 483 像素，选中"图层 1"的第 7 帧，按【F6】键，插入一个关键帧，把第 7 帧处元件实例的宽度和高度均设为 35 像素。选中第 1 帧到第 7 帧之间的任意一帧，执行"插入"→"传统补间"菜单命令。

Step12 新建"图层 2"，用鼠标右键单击"图层 1"的第 7 帧，在弹出的快捷菜单中选择"复制帧"，再用鼠标右键单击"图层 2"的第 4 帧，在弹出的快捷菜单中选择"粘贴帧"。

在"图层 2"的第 10 帧处插入一个关键帧，选中该帧处的元件实例，打开属性面板，设置宽度和高度均为 225 像素，Alpha 值为 0%。在"图层 2"的第 4 帧到第 10 帧之间创建传统补间动画。

Step13 新建"图层 3"，在第 10 帧处插入一个关键帧，用鼠标右键单击第 10 帧，在弹出的快捷菜单中选择"动作"，会弹出一个"动作"窗口，在命令窗格中输入"stop( );"，返回"场景 1"。

Step14 新建一个图形元件，命令为"蛋糕 1"，进入元件编辑状态，把库中的"p2. jpg"、"p3. jpg"、"p4. jpg"分别制作为"蛋糕 2"、"蛋糕 3"和"蛋糕 4"图形元件。

Step15 新建一个影片剪辑元件，命名为"蛋糕 1 动画"，进入元件编辑状态，在"图层 1"的第 5 帧处插入一个关键帧，把库中的"圆"元件拖到舞台上，在"图层 1"的第 34 帧处插入一个关键帧。调整第 5 帧处的元件实例的宽度和高度均为 351 像素，色彩效果样式选为"高级"，具体的参数设置如图 5.34 所示，利用"对齐"面板调整元件实例在舞台中央位置。再调整第 34 帧处元件实例的宽度和高度均为 235 像素，色彩效果样式选为"高级"，具体的参数设置如图 5.35 所示，利用"对齐"面板调整元件实例在舞台中央位置。在"图层 1"的第 5 帧到第 34 帧之间创建传统补间动画。

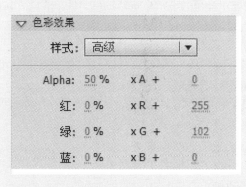

图 5.34　"图层 1"第 5 帧处元件实例的
"色彩效果"参数设置

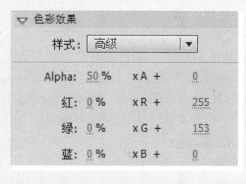

图 5.35　"图层 1"第 34 帧处元件实例的
"色彩效果"参数设置

Step16 新建"图层 2"，在"图层 2"的第 5 帧处插入一个关键帧，把库中的"圆"元件拖到舞台上，在"图层 2"的第 11 帧处插入一个关键帧。调整第 5 帧处元件实例的宽度和高度均为 351 像素，色彩效果样式选为"高级"，具体的参数设置如图 5.36 所示，利用"对齐"面板调整元件实例在舞台中央位置。再调整第 11 帧处元件实例的宽度和高度均为 235 像素，利用"对齐"面板调整元件实例在舞台中央位置。在"图层 2"的第 5 帧到第 11 帧之间创建传统补间动画。

Step17 新建"图层 3"，把库中的"圆"元件拖到舞台上，在"图层 3"的第 5 帧处插入一个关键帧。调整第 1 帧处的元件实例的宽度和高度均为 35 像素，第 5 帧处的元件实例的宽度和高度均为 235 像素，并且两个关键帧处的元件实例都在舞台中央位置。在"图层 3"的第 1 帧到第 5 帧之间创建传统补间动画。

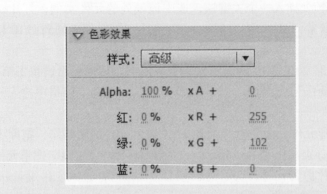

图 5.36 "图层 2"第 5 帧处元件实例的"色彩效果"参数设置

Step18 新建"图层 4",把库中的"蛋糕 1"元件拖到舞台上,打开"属性面板",设置"蛋糕 1"元件实例锁定长宽比,宽度为 153,并将元件实例放置在舞台中央位置。

Step19 新建"图层 5",选中"图层 3"的第 1 帧到第 5 帧之间的所有帧,单击鼠标右键,在弹出的快捷菜单中选择"复制帧",再用鼠标右键单击"图层 5"的第 1 帧,在弹出的快捷菜单中选择"粘贴帧"。用鼠标右键单击"图层 5",弹出的快捷菜单中选择"遮罩层",则"图层 4"自动转换为被遮罩图层。

Step20 新建"图层 6",在该图层的第 34 帧处插入一个关键帧,用鼠标右键单击该图层的第 34 帧,在弹出的快捷菜单中选择"动作",会弹出一个"动作"窗口,在命令窗格中输入"stop( );",返回"场景 1"。

Step21 重复步骤 Step15 至步骤 Step20,分别利用"蛋糕 2"、"蛋糕 3"、"蛋糕 4"元件来制作"蛋糕 2 动画"、"蛋糕 3 动画"、"蛋糕 4 动画"。

4. 制作动画

Step1 将"图层 1"重命名为"矩形条",把库中的"矩形条"元件拖到舞台的上方,边缘与舞台对齐。在"图层 1"的第 191 帧处插入普通帧。

Step2 新建一个图层,重命名为"特殊形状",把库中的"特殊形状"元件拖到舞台的左上方,边缘与舞台对齐。

Step3 新建一个图层,重命名为"文字动画",把库中的"文字动画"元件拖到舞台的左上方,具体摆放位置可参照图 5.30。

Step4 新建一个图层,重命名为"蛋糕店",把库中的"蛋糕展示.jpg"、"蛋糕店.jpg"、"1.png"和"2.png"都拖到舞台上,并分别调整位图的大小和位置,可参照图 5.30 进行调整。

Step5 新建一个图层,重命名为"遮罩",在该图层的第 115 帧处插入一个关键帧,把库中的"运动的圆"元件拖到舞台左下角,在"遮罩"图层的第 161 帧处插入一个空白关键帧,在舞台上绘制一个遮罩层里的遮罩圆同样大小的圆形状,位置大概就是遮罩圆最后停留的位置。在"遮罩"层的第 192 帧处插入一个空白关键帧,然后在舞台上绘制一个宽为 773 像素,高为 205 像素的矩形,使其与舞台下边对齐。在"遮罩"层的第 115 帧到第 161 帧之间创建补间形状动画。

Step6 单击"视图"菜单,勾选"标尺"菜单命令,让标尺显示出来,然后从水平标尺上拖出来一个水平辅助线，从垂直标尺上拖出来四条垂直辅助线，如图5.37所示。

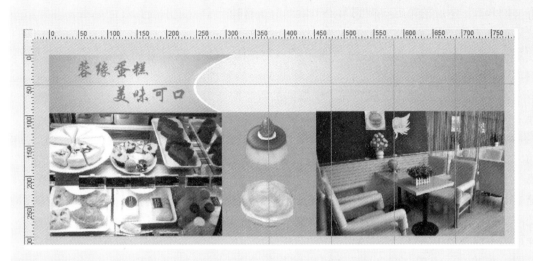

图5.37　五条辅助线的设置

Step7 新建一个图层，重命名为"圆环1"，在该图层的第55帧处插入一个关键帧，把库中的"圆环动画"元件拖到舞台上，让圆环的圆心与辅助线左边第一个交叉点重合，如图5.38所示。然后将"圆环1"图层的第74帧到第191帧间的所有帧选中，并用鼠标右键单击，在弹出的快捷菜单中选择"删除帧"。

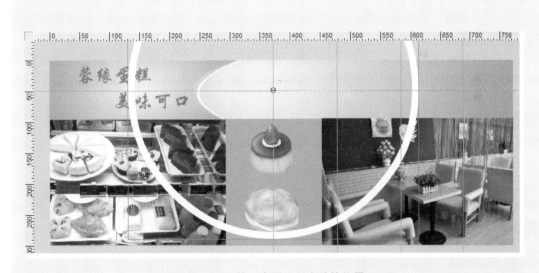

图5.38　第一个圆环所安放的位置

Step8 新建一个图层，重命名为"圆环2"，在该图层的第70帧处插入一个关键帧，把库中的"圆环动画"元件拖到舞台上，让圆环的圆心与辅助线的左起第二个交叉点重合，然后将"圆环2"图层的第88帧到第191帧间的所有帧选中，并用鼠标右键单击，在弹出的快捷菜单中选择"删除帧"。

Step9 新建一个图层，重命名为"圆环3"，在该图层的第84帧处插入一个关键帧，把库中的"圆环动画"元件拖到舞台上，让圆环的圆心与辅助线的左起第三个交叉点重合，然后将"圆环3"图层的第103帧到第191帧间的所有帧选中，并用鼠标右键单击，在弹出的快捷菜单中选择"删除帧"。

Step10 新建一个图层，重命名为"圆环4"，在该图层的第97帧处插入一个关键帧，把库中的"圆环动画"元件拖到舞台上，让圆环的圆心与辅助线的左起第四个交叉点重合，然后将"圆环4"图层的第112帧到第191帧间的所有帧选中，并用鼠标右键单击，在弹出的快捷菜单中选择"删除帧"。

Step11 新建一个图层，重命名为"蛋糕1"，在该图层的第58帧处插入一个关键帧，把库中的"蛋糕1动画"元件拖到舞台上，让"蛋糕1动画"元件实例的中心点与辅助线的左起第一个交叉点重合，然后在"蛋糕1"图层的第157和161帧处分别插入一个关键帧，并将第161帧处的元件实例拖到舞台外右侧，在该图层的第157帧到第161帧之间创建传统补间动画。选中"蛋糕1"图层的第162帧到第191帧间的所有帧选中，并用鼠标右键单击，在弹出的快捷菜单中选择"删除帧"。

Step12 新建一个图层，重命名为"蛋糕2"，在该图层的第74帧处插入一个关键帧，把库中的"蛋糕2动画"元件拖到舞台上，让"蛋糕2动画"元件实例的中心点与辅助线的左起第二个交叉点重合，然后在"蛋糕2"图层的第167和171帧处分别插入一个关键帧，并且将第171帧处的元件实例拖到舞台外右侧，在该图层的第167帧到第171帧之间创建传统补间动画。选中"蛋糕2"图层的第172帧到第191帧间的所有帧选中，并用鼠标右键单击，在弹出的快捷菜单中选择"删除帧"。

Step13 新建一个图层，重命名为"蛋糕3"，在该图层的第87帧处插入一个关键帧，把库中的"蛋糕3动画"元件拖到舞台上，让"蛋糕3动画"元件实例的中心点与辅助线的左起第三个交叉点重合，然后在"蛋糕3"图层的第177和181帧处分别插入一个关键帧，并且将第181帧处的元件实例拖到舞台外右侧，在该图层的第177帧到第181帧之间创建传统补间动画。选中"蛋糕3"图层的第182帧到第191帧间的所有帧，并鼠标右键单击，在弹出的快捷菜单中选择"删除帧"。

Step14 新建一个图层，重命名为"蛋糕4"，在该图层的第104帧处插入一个关键帧，把库中的"蛋糕4动画"元件拖到舞台上，让"蛋糕4动画"元件实例的中心点与辅助线的左起第一个交叉点重合，然后在"蛋糕4"图层的第187和191帧处分别插入一个关键帧，并且将第191帧处的元件实例拖到舞台外右侧，在该图层的第187帧到第191帧之间创建传统补间动画。

Step15 保存文档，测试影片。

【技术讲解】

⭐ 5.3.1 设置一个图层遮罩多个图层

在 Flash 中一个遮罩层可以同时遮罩多个被遮罩层。当把某个图层设置为遮罩层时，下面的图层自动被设置为被遮罩层。当需要使一个图层遮罩多个图层时，可以通过下面的两种方法实现。

1）选中需要作为被遮罩的图层，然后拖到遮罩层的下面即可。

2）在目标图层上单击鼠标右键，在弹出的快捷菜单中选择"属性"，打开"图层属性"对话框，在对话框中选择类型为"被遮罩"即可。

如果想要取消遮罩和被遮罩的关系，可以打开被遮罩图层的"图层属性"对话框，选择类型为"一般"，或者把该图层拖离遮罩层的遮罩范围即可。

★ 5.3.2 遮罩与引导的综合应用

如果想要实现遮罩和引导的综合应用，需要将引导动画做成影片剪辑元件，然后把引导动画影片剪辑元件作为遮罩图层的对象，再制作被遮罩图层即可。也就是说一个图层不能即作为遮罩层，又作为引导层。

5.4 综合项目——"汽车登场广告"

【案例概述】

本案例利用"引导动画"、"遮罩动画"、"传统补间动画"、"逐帧动画"等技术制作了一个"汽车登场广告"。动画的部分画面如图5.39所示。

图5.39 "汽车登场广告"部分画面

【实现过程】

1. 设置"文档属性"

启动 Adobe Flash CS6 后，新建一个文档，选择动作脚本为 ActionScript 2.0。设置文档大小为 760×360 像素，背景为灰色（#333333）。执行"文件"→"保存"菜单命令，将新文档保存，命名为"汽车登场广告"，并保存。

2. 导入素材

把素材文件夹里的所有图片和声音导入到文档的库中。

3. 制作元件

Step1 新建一个图形元件，命名为"汽车1"，进入元件编辑状态，把库中的"汽车1.jpg"图片拖到舞台上，选中舞台上的图片，执行"修改"→"分离"菜单命令，然后综合利用套索工具、魔术棒、选择工具等将图片的背景删除，只保留汽车，返回"场景1"。

Step2 新建一个图形元件，命名为"汽车2"，进入元件编辑状态，把库中的"汽车2.jpg"图片拖到舞台上，选中舞台上的图片，执行"修改"→"分离"菜单命令，然后综合利用套索工具、魔术棒、选择工具等将图片的背景删除，只保留汽车，返回"场景1"。

Step3 新建一个图形元件，命名为"别克"，进入元件编辑状态，把库中的"别克.jpg"图片拖到舞台上，选中舞台上的图片，执行"修改"→"分离"菜单命令，然后综合利用套索工具、魔术棒、选择工具等将图片的背景删除，只保留汽车车标，返回"场景1"。

Step4 新建一个影片剪辑元件，命名为"车灯"，进入元件编辑状态，在舞台上绘制一个任意形状，返回"场景1"。

Step5 新建一个影片剪辑元件，命名为"汽车2闪灯"，进入元件编辑状态，把库中的"汽车2"元件拖到舞台上，调整元件实例的大小和位置，将"图层1"重命名为"汽车"，在"汽车"图层的第10帧、第17帧和第67帧处分别插入一个关键帧，把第17帧和第67帧处的元件实例调大一些，然后在第10帧和第17帧之间创建传统补间动画，在第67帧处插入动作"stop();"。

Step6 新建一个图层，命名为"左车灯"，在第19帧处插入一个关键帧，把"车灯"元件拖到舞台上，用鼠标右键单击舞台上的"车灯"元件实例，在弹出的快捷菜单中选择"在当前位置编辑"，进入"车灯"元件的编辑状态，删除舞台上的形状，然后选择"刷子"工具，填充颜色设为白色，用刷子在舞台上绘制车灯形状，如图5.40所示。

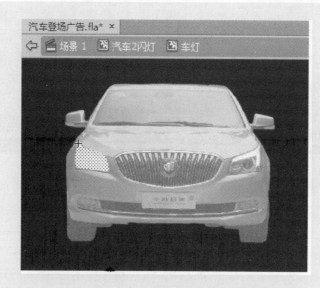

图5.40 在当前位置编辑"车灯"元件

138

Step7 回到"汽车 2 闪灯"元件编辑状态，单击"左车灯"图层的第 19 帧，选中舞台上的"车灯"元件实例，设置 Alpha 值为 0%，添加发光滤镜和模糊滤镜，参数设置如图 5.41 所示。

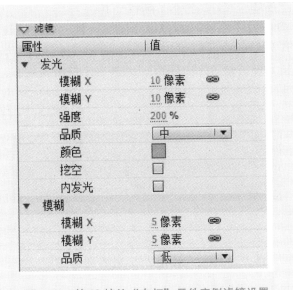

图 5.41　第 19 帧处"车灯"元件实例滤镜设置

提示： 只有文本、影片剪辑元件和按钮元件可以添加滤镜效果。

Step8 在"左车灯"图层的第 21、24、25、28、36 帧处分别插入一个关键帧，选中舞台上的"车灯"元件实例，分别设置 Alpha 值为 100%、25%、0%、100%、10%，并且设置第 21 帧和第 24 帧处的发光滤镜和模糊滤镜参数，如图 5.42 和图 5.43 所示。

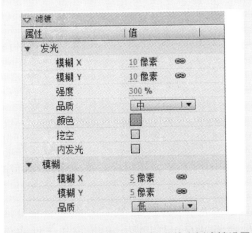

图 5.42　第 21 帧处"车灯"元件实例滤镜设置

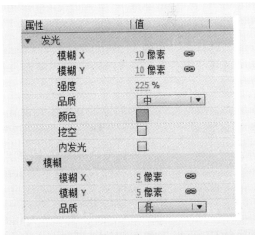

图 5.43　第 24 帧处"车灯"元件实例滤镜设置

Step9 选中"左车灯"图层的第 19 帧到第 36 帧之间的所有帧，单击鼠标右键，在弹出的快捷菜单中选择"创建传统补间动画"。

Step10 新建图层，命名为"右车灯"，按照步骤 Step6 到 Step9 的方法，制作右车灯的闪光动画，只是需要将"车灯"元件实例水平翻转一下。

Step11 新建图层，命名为"声音"选中该图层第一帧，通过属性面板设置声音名称为"sound1"，返回"场景 1"。

Step12 新建影片剪辑元件，命名为"灯光 1"，进入元件编辑状态，在舞台上绘制一个如图 5.44 所示的形状，返回"场景 1"。

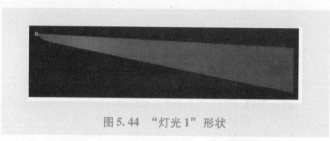

图 5.44 "灯光 1"形状

Step13 新建影片剪辑元件，命名为"灯光 2"，进入元件编辑状态，在舞台上绘制一个如图 5.45 所示的形状，返回"场景 1"。

图 5.45 "灯光 2"形状

Step14 新建影片剪辑元件，命名为"汽车 1 闪灯"，进入元件编辑状态，将"汽车 1"元件拖到舞台上，在第 11 帧处插入一个关键帧，用鼠标右键单击第 11 帧处，在弹出的快捷菜单中选择"动作"，在"动作窗口"的命令窗格中输入"stop( );"。

Step15 新建一个图层，在"图层 2"的第 2 帧处插入一个关键帧，将"灯光 1"元件拖到舞台上，调整元件实例的位置和大小，设置 Alpha 值为 0%，并设置发光滤镜，参数设置如图 5.46 所示。

Step16 在"图层 2"的第 5 帧和第 10 帧处分别插入一个关键帧，调整第 5 帧处的元件实例的 Alpha 值为 100%，然后选中第 1 帧到第 10 帧之间的所有帧，用鼠标右键单击，在弹出的快捷菜单中选择"创建传统补间动画"。

Step17 新建"图层 3"，在"图层 3"的第 2 帧处插入一个关键帧，将"灯光 2"元件拖到舞台上，调整元件实例的位置和大小，和 Step15 和 Step16 一样设置"灯光 2"元件实例的发光动画。

Step18 新建图层，选中"图层 4"的第一帧，通过属性面板设置声音名称为"sound2"，返回"场景 1"。

Step19 新建图形元件，命名为"星"，进入元件编辑状态，在舞台上绘制一个如图5.47所示的形状，返回"场景1"。

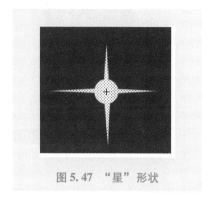

图5.46 第2帧处"灯光1"元件实例滤镜设置　　　　图5.47 "星"形状

Step20 新建影片剪辑元件，命名为"闪光动画"，进入元件编辑状态，将"星"元件拖到舞台上，在第33、34、65、66、100帧处分别插入一个关键帧，选中第1帧到第100帧之间的所有帧，并用鼠标右键单击，在弹出的快捷菜单中选择"创建传统补间动画"。选中第1帧和第66帧，打开"属性"面板，在"补间"选项区，设置旋转为"顺时针"。选中第34帧，打开"属性"面板，在"补间"选项区，设置旋转为"逆时针"。

Step21 新建"图层2"，将"星"元件拖到舞台上，在第50、51、83、84、100帧处分别插入一个关键帧，选中第1帧到第100帧之间的所有帧，并用鼠标右键单击，在弹出的快捷菜单中选择"创建传统补间动画"。选中第1帧，打开"属性"面板，在"补间"选项区，设置旋转为"顺时针"。选中第51帧，打开"属性"面板，在"补间"选项区，设置旋转为"逆时针"。返回"场景1"。

Step22 新建图形元件，命名为"文本"，进入元件编辑状态，在舞台上输入文本，如图5.48所示，返回"场景1"。

图5.48 "文本"元件里的文字

> ★提示：第一行文本字体为"Trebuchet MS"，第二行文本字体为"黑体"，可以利用"任意变形"工具调整文本的长宽比。

Step23 新建图形元件，命名为"遮罩块"，进入元件编辑状态，在舞台上绘制形状，如图

5.49 所示，返回"场景 1"。

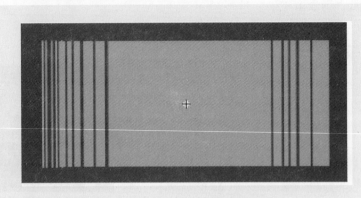

图 5.49 "遮罩块"元件里的形状

4. 制作动画

Step1 将"图层 1"重命名为"汽车 1"，在该图层的第 24 帧处插入一个关键帧，把库中的"汽车 1"元件拖到舞台上，大小和位置如图 5.50 所示。在"汽车 1"图层的第 48 帧处插入一个关键帧，调整"汽车 1"元件实例的大小和位置，如图 5.51 所示。

图 5.50 "汽车 1"图层第 24 帧的对象

图 5.51 "汽车 1"图层第 48 帧的对象

Step2 选中第 24 帧到第 48 帧之间的任意一帧，用鼠标右键单击，在弹出的快捷菜单中选择"创建传统补间动画"。在"汽车 1"图层的第 108 帧处插入一个空白关键帧，把库中的"汽车 1 闪灯"元件拖到舞台上，元件实例大小和位置与 48 帧处的"汽车 1"元件实例相同。

Step3 新建图层，重命名为"汽车 2"，把库中的"汽车 2"元件拖到舞台上，调整元件实例大小和位置，在"汽车 2"图层的第 24 帧处插入一个关键帧，调整"汽车 2"元件实例的大小和位置，在第 1 帧到第 24 帧之间创建传统补间动画，使得"汽车 2"能从舞台左上角开到舞台下方，且汽车一直在变大。在"汽车 2"图层的第 49 帧处插入一个空白关键帧，把库中的"汽车 2 闪灯"元件拖到舞台上，元件实例大小和位置与 24 帧处的"汽车 2"元件实例相同。

Step4 新建图层，重命名为"车标"，在该图层的第 35 帧处插入一个关键帧，把库中的"别克"元件拖到舞台上，调整元件实例大小和位置，在"车标"图层的第 48 帧处插入一个关键帧，把该帧处的元件实例向右拖拽，改变车标的位置。在第 35 帧到第 48 帧之间创建传统补间动画。

Step5 用鼠标右键单击"车标"图层，在弹出的快捷菜单中选择"添加传统远动引导层"，则在"车标"图层上方自动创建一个名为"引导层：车标"的图层，在该图层的第 35 帧处插入一个关键帧，然后在舞台左上角处用铅笔绘制一个如图 5.52 所示的路径。

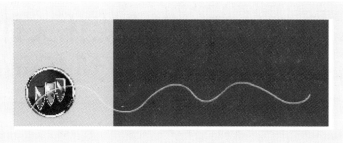

图 5.52　引导层中的路径

Step6 调整"车标"图层上的"别克"元件，使得第 35 帧和第 48 帧处元件实例的中心点都压在路径上。

Step7 新建一个图层，重命名为"闪光"，在该图层的第 48 帧处插入一个关键帧，把库中的"闪光动画"元件拖到舞台上，调整元件实例大小和位置，然后再复制一个元件实例，调整位置。效果如图 5.53 所示。

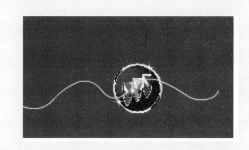

图 5.53　"闪光动画"元件实例的大小和位置示意

Step8 新建一个图层，重命名为"文本"，在该图层的第 48 帧处插入一个关键帧，把库中的"文本"元件拖到舞台上，调整元件实例大小和位置。

Step9 新建一个图层，重命名为"遮罩块"，在该图层的第 48 帧处插入一个关键帧，把库中的"遮罩块"元件拖到舞台上，调整元件实例大小和位置，让它在文本的左侧，在"遮罩块"图层的第 108 帧处插入一个关键帧，把该帧处的元件实例向右拖拽，改变遮罩块的位置，使得遮罩块能完全遮住文本。在第 48 帧到第 108 帧之间创建传统补间动画。

Step10 用鼠标右键单击"遮罩块"图层，在弹出的快捷菜单中选择"遮罩层"。

Step11 保存文档，测试影片。

第6章
Flash 集成媒体文件
——从无声到有声的动画

Flash 具有强大的动画绘制功能，利用 Flash 几个简单的工具可以绘制出惟妙惟肖的动画作品，但是如果想让一个惟妙惟肖的动画更深入人心的话，那么美妙动听的声音是必不可少的。通过本章的学习，学习者可以轻松地将声音、视频、图像这些外部媒体文件，融入动画中，使动画充满活力。

学习要点

- 添加声音的方法
- 使声音与歌词同步的方法
- 添加视频的方法
- 控制视频播放的方法

CS6

6.1　Flash 集成媒体文件概述

集成媒体文件可以分为声音、图像、视频。

1. 声音文件

Flash 支持的声音文件格式有 MP3、WAV 和 AIFF（仅限苹果电脑），但不支持 MIDI 文件格式。MP3 格式的文件是经过压缩的声音文件，所以体积小，但音质好。这对于追求体积小、音质好，传输方便的 Flash 动画来说，无疑是最理想的选择。WAV 格式微软公司开发的一种声音文件格式，它没有压缩数据，所以音质一流，但是体积较大，所占存储空间大，这一缺点使它的应用受限。AIFF 是 Apple 公司开发的一种声音文件格式，是 Apple 电脑上的标准音频格式，属于 QuickTime 技术的一部分。

在 Flash 中，为了加快动画的网络传输速度，减小作品所占的存储空间，一般建议使用 MP3 格式的声音文件。

2. 图像文件

在 Flash 中可导入的图像文件类型非常丰富，但总体可分为两大类：位图和矢量图。位图具有放大易失真的特点，矢量图具有不会失真且文件较小的特点。较常用的图片格式有 .jpg、.bmp、.png、.gif 等。jpg 格式文件是一种压缩文件，应用广泛。bmp 格式的文件是位图格式，无压缩，文件存储空间大；png 格式的文件是背景透明图像；gif 格式的文件时带有帧动画的图像文件。

在 Flash 中可以根据动画的需要适当的选择不同类型的图像文件。

3. 视频文件

在 Flash CS6 中可以导入的视频文件格式有：FLV、F4V。F4V 是继 FLV 格式后的支持 H.264 的 F4V 流媒体格式。它和 FLV 的主要区别在于，FLV 采用的是 H263 编码，而 F4V 则支持 H.264 编码的高清晰视频。

如果在计算机上装有 QuickTime 软件的话，还可以导入 MOV 格式的文件。

6.2　"圣诞之夜"动画的制作

【案例概述】

本节是"圣诞之夜"案例的制作。本案例主要讲解如何在 Flash 中导入声音文件，并对声音文件进行编辑和控制。效果如图 6.1 所示。

【实现过程】

1. 设置"文档属性"

启动 Adobe Flash CS6 后，新建一个文档，设置文档大小为 710 × 400 像素，背景为白色。执行"文件"→"保存"菜单命令，将新文档保存，并命名为"圣诞之夜"。

图 6.1　圣诞之夜

2. 布置舞台场景，并添加音乐

Step1 将"图层 1"重命名为"背景"。执行"文件"→"导入"→"导入到舞台"菜单命令，在打开的"导入"对话框中选择与本案例相对应的素材文件夹的图片"圣诞房子 .png"、"琴键 .png"、"音符 .png"，导入并摆放好位置，如图 6.2 所示。

图 6.2　"背景"层

Step2 执行"文件"→"导入"→"导入到库"菜单命令，在打开的"导入"对话框中选择与本案例相对应的素材文件夹的文件"铃儿响叮当 .mp3"导入到库。新增图层"音乐"，选中第 1 帧，在属性面板中设置声音的相关参数，如图 6.3 所示。

Step3 新增图层"按钮"。选择第 1 帧，执行"文件"→"导入"→"导入到舞台"菜单命令，在打开的"导入"对话框中选择与本案例相对应的素材

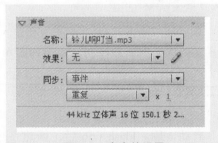

图 6.3　声音的设置

文件夹的图片"播放音乐.png"和"停止音乐.png"导入到舞台,摆放至舞台右下角位置。同时,将"播放音乐"和"停止音乐"按钮转换为按钮元件。

　　双击进入"播放音乐"按钮元件中,在图层 1 的"点击"处插入帧。新建图层 2,在"按下"处单击鼠标右键插入空白关键帧,并选择此帧,在属性面板的声音属性中设置参数见图 6.3。

　　双击进入"停止音乐"按钮元件中,在图层 1 的"点击"处插入帧。新建图层 2,在"按下"处单击鼠标右键插入空白关键帧,并选择此帧,在属性面板的声音属性中设置参数如图 6.4 所示。

图 6.4　"停止按钮"声音参数设置

　　3. 测试影片

　　执行"控制"→"测试影片"→"测试"命令,快捷键是【Ctrl + Enter】,对影片进行测试。

【技术讲解】

 6.2.1　添加背景音乐

　　声音和图片的导入方法使类似的,都是从外部把文件导入到 Flash 中,声音和图片的区别在于图片可以在舞台上看到,而声音则看不到,只能显示在时间轴上,播放时可以听到。

　　执行"文件"→"导入"→"导入到库"命令,在弹出的对话框中选择要导入的声音文件,将所选文件导入到库中。

　　要将声音文件从库添加到文档中,可以把声音插入到层中,也可以使用 Action Script 3.0 语句来调用。这里,我们只对前者进行详解,建议将声音单独放置一层。选择要插入声音的图层的第 1 帧,在属性面板中选择要插入的声音,如图 6.5 所示。

图 6.5　声音属性面板

147

★提示:可以一次导入多个声音文件,其方法和导入多个位图的方法相同。导入的音频文件一般放在"库"中,不能自动添加到动画作品中进行播放。

6.2.2　声音文件的编辑

　　声音属性面板中参数有名称、效果、同步、重复。

　　1)在"名称"处选择要添加到文档中的声音,如图 6.6a 所示。

2）为了保持声音的原有风格，在"效果"下拉菜单（见图6.6b）中选择无，当然也可以选择其他的音效。

"无"：不对声音选项应用效果，选择此项将删除以前应用的效果。

"左声道"／"右声道"：只在左声道或者右声道播放声音。

"向右淡出"／"向左淡出"：会将声音从一个声道切换到另一个声道。

"淡入"／"淡出"在声音持续时间内逐渐增加/减小音量。

自定义：允许使用"编辑封套 ✎"创建自定义的声音淡入点和淡出点。

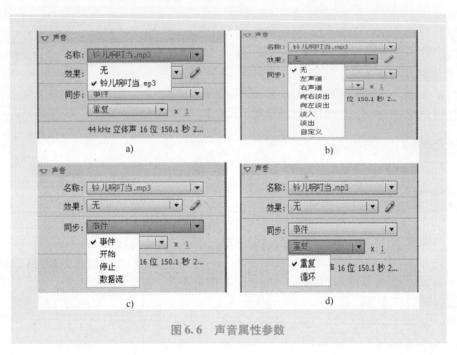

图6.6 声音属性参数

3）"同步"下拉菜单（见图6.6d）可以设置声音在播放动画时的同步方式，有事件、开始、停止、数据流。

"事件"：使声音的播放和事件的发生过程同步。事件声音在其起始关键帧时开始播放，并独立于时间轴完整播放，即使SWF文件停止播放，声音也会继续下去。事件声音常用于用户单击按钮时播放的声音，如果用户二次单击按钮，则第一段声音持续播放，第二段声音开始播放，这样会造成声音的混杂。

"开始"：与"事件"功能类似，但不同的是，如果声音已经在播放，则新声音不会播放，如此便不会造成声音的混杂播放。

"停止"：停止播放指定的声音。

"数据流"：与"事件"声音不同，选择此项，音频将随着SWF文件的停止而停止，而且音频流的播放时间绝对不会比帧的播放时间长。一般在制作MV时会选择"数据流"，保持声音和动画的同步。

本案例中，动画就一帧，但又希望声音能持续播放，故选择我们选择的是"事件"声音类型。

4）"重复"即声音播放模式，可以选择重复播放或者循环播放，也可以设置重复播放的次数，如图 6.6d 所示。不建议设置循环播放，如果将声音流设置为循环播放，帧就会添加到文件中，文件大小就会根据声音循环播放的次数而倍增。

6.2.3　设置输出的音频

音频的采样率和压缩率对动画的声音质量和文件大小起着决定性作用。压缩率越大，采样率越低，声音文件的体积就越小，同时，声音文件的质量也更差。在输出音频文件时，可根据实际需要对其进行修改。如果一味地追求音质，则可能会使动画显得臃肿，影响下载。为音频设置输出属性的具体操作如下：

1）按【F11】键打开"库"面板。

2）用鼠标右键单击要输出的音频文件，在弹出的快捷菜单中选择"属性"，打开"声音属性"对话框，如图 6.7 所示。

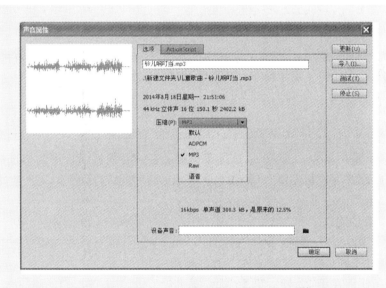

图 6.7　"声音属性"对话框

3）在"压缩"下拉列表中可以设置该音频文件的输出属性。可选择的音频输出压缩方法有 4 种：ADPCM（自适应音频脉冲编码）、MP3、Raw、语音。

6.3　制作"新年好"音乐动画

【案例概述】

本节是"新年好"音乐动画案例的制作。本案例主要讲解在之前导入声音的基础上，如何根据音乐制作动画和歌词，并使动画和歌词同步。其部分效果图如图 6.8 所示。

图 6.8 "新年好"部分效果图

【实现过程】

1. 设置"文档属性"

启动 Adobe Flash CS6 后，新建一个文档，设置文档大小为 550×400 像素，背景为白色。执行"文件"→"保存"菜单命令，将新文档保存，并命名为"新年好"。

2. 插入声音

执行"文件"→"导入"→"导入到库"菜单命令，在打开的"导入"对话框中选择与本案例相对应的素材文件夹的文件"新年好.mp3"导入到库。

将"图层 1"重命名为"音乐"。选择第 1 帧，在声音属性面板中名称选择"新年好.mp3"，同步方式设置为"数据流"，如图 6.9 所示，将时间线拖动到第 278 帧处，单击鼠标右键选择"插入帧"。

3. "背景"层的制作

Step1　新建"图层 2"重命名为"背景"。按【Enter】键，通过不断地播放音频文件，为每句歌词添加关键帧。分别在第 22 帧、第 55 帧、第 88 帧、第 158 帧、第 194 帧、第 231 帧、插入空白关键帧，然后在第 278 帧处插入帧。

Step2　选择第 1 帧，使用矩形工具绘制大小为 550×400 像素的矩形，删除边框，使用"颜料桶"工具进行径向渐变填充，中心颜色设置为"#F50019"，外部颜色设置为"#5B0006"，使用"对齐"工具，使其与舞台中心对齐。

图 6.9 "新年好"声音属性的设置

Step3　选择第 22 帧，使用"钢笔"、"铅笔"等工具绘制出背景，使用"对齐"工具使其与舞台中心对齐，然后使用路径动画，制作出雪花飘落的效果，如图 6.10 所示。

图 6.10　第 22-54 帧处的背景

Step4 选择第 22 帧右键选择"复制帧"，在第 55 帧处右键选择"复制帧"，将第 22 帧的内容复制到第 55 帧处。

Step5 同样将第 22 帧处的内容复制到第 88 帧。选择第 88 帧，执行"文件"→"导入"→"导入到舞台"菜单命令，在打开的"导入"对话框中选择与本案例相对应的素材文件夹的图片"圣诞树.png"、"铃铛.png"，将其放置在舞台的左下角。这里可以为"铃铛.png 制作简单的旋转动画"，并转化为影片剪辑。

Step6 同样将第 22 帧处的内容复制到第 158 帧，并删除图片"圣诞树.png"。

Step7 将第 22 帧处的内容复制到第 195 帧。

Step8 选择第 231 帧，执行"文件"→"导入"→"导入到舞台"菜单命令，在打开的"导入"对话框中选择与本案例相对应的素材文件夹的图片"happy.jpg"，保持其大小纵横比，使其与舞台顶端对齐。

4. "动画"层的制作

新建"图层 3"重命名为"动画"。

Step1 选择第 1 帧，执行"文件"→"导入"→"导入到舞台"菜单命令，在打开的"导入"对话框中选择与本案例相对应的素材文件夹中图片"新年好.png"、"过大年.png"和"小孩.png"，并将其摆放至合适的位置，然后使用工具箱中的工具绘制出一个灯笼，并进行复制和缩放，如图 6.11 所示。然后为"女孩.png"设置简单动画，在第 21 帧处插入帧。

Step2 选择第 22 帧，使用工具箱中的工具绘制出一个女孩和雪人。因为要为女孩做动画，故在绘制女孩时，应该将女孩的头部、胳膊、身体、腿部等转换成单独的图形元件，然后为其设置动画，最后将其转换成影片剪辑，摆放至舞台的右下方，如图 6.12所示。

雪人的制作亦是如此，先绘制出一个雪人，然后复制两个，分别为其设置动画和更改颜色，并将其转成影片剪辑，摆放至舞台的下方，如图 6.12 所示。之后在第 87 帧处插入帧。

图 6.11　第 1-21 帧的动画

图 6.12　第 22～54 帧的动画

Step3　选择第 88 帧，执行"文件"→"导入"→"导入到舞台"菜单命令，在打开的"导入"对话框中选择与本案例相对应的素材文件夹的图片"圣诞老人.png"，将其导入到舞台，放置舞台的右边，然后在第 157 帧处插入关键帧，并将"圣诞老人.png"移动到舞台的左边，右键单击中间的任意一帧，选择"传统补间动画"，动画效果截图如图 6.13 所示。

图 6. 13　第 88～157 帧动画截图

Step4 选择第 158 帧，执行"文件"→"导入"→"导入到舞台"菜单命令，在打开的"导入"对话框中选择与本案例相对应的素材文件夹的图片"铃铛 . png"、"树叶 . png"、"小鹿 . png"、"小熊 . png"、"雪花 . png"、"礼物 . png"，将其导入到舞台，放置舞台的上边（注意：最好是摆放的高度稍有落差），然后选择第 230 帧插入关键帧，用鼠标右键单击中间的任意一帧，选择"传统补间动画"，动画效果截图如图 6. 14 所示。

图 6. 14　第 158～230 帧动画截图

153

5. 添加歌词

Step1 新建"图层 4"重命名为"歌词"。选择第 22 帧，使用"文本工具"输入"新年好呀"，设置文本的大小为 25、隶书，摆放至舞台的下方。

Step2 在第 88 帧处插入空白关键帧，输入文字"祝贺大家新年好"，摆放至舞台的下方，

在第 157 帧处插入帧。

Step3 在第 158 帧处插入空白关键帧，输入文字"我们唱歌"，摆放至舞台的下方，在第 193 帧处插入帧。

Step4 在第 194 帧处插入空白关键帧，输入文字"我们跳舞"，摆放至舞台的下方，在第 230 帧处插入帧。

Step5 在第 231 帧处插入空白关键帧，输入文字"祝贺大家新年好!"，摆放至舞台的下方，在第 278 帧处插入帧，如图 6.15 所示。

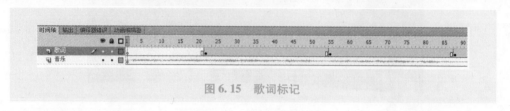

图 6.15 歌词标记

6. 测试影片

执行"控制"→"测试影片"→"测试"命令，快捷键是【Ctrl + Enter】，对影片进行测试。

【技术讲解】

6.3.1 歌词和音乐同步设置技巧

若需要歌词与声音同步，则必须将声音文件的同步方式设置为数据流，按【Enter】键可以实时的播放声音，并在每一句歌词的关键帧处插入空白关键帧，输入相对应的歌词。

建议：歌词和声音放置于不同的图层上。

6.3.2 动画和音乐的同步设置技巧

设置歌词和音乐同步就是为对应的音乐制作不同的动画，以达到相互呼应。建议动画单独放置一层，方便管理。

在动画层，以歌词层的关键帧作为参考，为动画层在对应的帧处插入空白关键帧，并制作相应的动画。

6.4 "少林兔与武当狗"动漫短片

【案例概述】

本节是"少林兔与武当狗"案例的制作。本案例主要讲解如何在 Flash 中导入视频文件，并通过按钮对视频文件进行播放、暂停、停止的控制。其部分效果如图 6.16 所示。

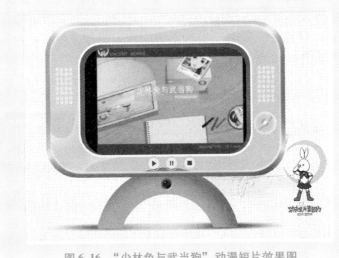

图 6.16　"少林兔与武当狗"动漫短片效果图

【实现过程】

1. 设置"文档属性"

启动 Adobe Flash CS6 后，新建一个文档，设置文档大小为 550×400 像素，背景为白色。执行"文件"→"保存"菜单命令，将新文档保存，并命名为"少林兔与武当狗"。

2. 导入视频

将"图层 1"重命名为"视频"。选择第 1 帧，执行"文件"→"导入"→"导入视频"命令，打开"导入视频"对话框，单击文件路径后面的 浏览... 按钮，选择要导入的视频文件"少林兔与武当狗.flv"，并选择"在 SWF 中嵌入 FLV 并在时间轴中播放"，如图 6.17 所示。然后单击"下一步"默认选项，直到"完成"。导入完成后，视频直接出现在舞台上，并在第 1220 帧结束。

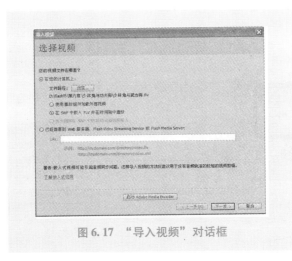

图 6.17　"导入视频"对话框

3. 布置主场景

Step1 新增"背景"层置于"视频"层的下方，导入图片素材"背景.jpg"和"兔子.png"至舞台，调整好大小和位置，如图 6.18 所示。

Step2 新增"电视"层置于"视频"层的上方，导入图片素材"电视机.png"至舞台，调整好大小和位置，如图 6.19 所示。

图 6.18 "背景"层

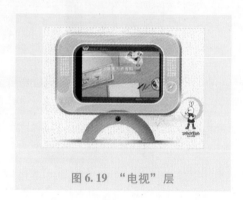

图 6.19 "电视"层

Step3 新增"按钮"层（见图 6.20）置于"电视"层的上方，然后执行"窗口"→"公用库"→"Buttons"命令，打开"外部库"对话框，如图 6.21 所示，在"playback flat"文件夹中将"flat blue play"、"flat blue pause"、"flat blue stop"三个按钮直接拖拽到舞台上，摆放好位置，并分别将三个按钮实例命名为：play_btn、pause_btn、stop_btn。

图 6.20 "按钮"层

图 6.21 "外部库"对话框

4. 按钮控制

新增图层"actionscript"，在第 1 帧处添加脚本，为 play_btn、pause_btn 、stop_btn 添加事件监听器，并建立对应的函数，如图 6.22 所示。

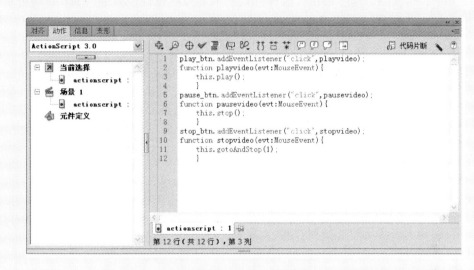

图 6.22　第 1 帧脚本代码

5. 测试影片

执行"控制"→"测试影片"→"测试"命令，快捷键是【Ctrl + Enter】，对影片进行测试。

【技术讲解】

6.4.1　导入视频的方法

Flash 所支持的视频文件格式为 FLV 和 F4V，如果视频格式不正确，可以使用专业的格式转换软件将视频文件转换为 FLV 或者 F4V 格式。

Flash 的视频有嵌入式和渐进式两种：嵌入式是全部下载完成后播放；渐进式是采用流播放，而且具有更多的控制属性。在 Flash 的"导入视频"对话框中，除了有导入在手机中播放的视频选择"作为捆绑在 SWF 中的移动设备视频导入"选项之外，还有"使用播放组件加载外部视频"和"在 SWF 中嵌入 FLV 并在时间轴中播放"两种方法，如图 6.23 所示。本案例采用的是第二种方法。

1）"使用播放组件加载外部视频"是属于渐进式视频下载。使用此种方法，可以直接选择播放视频的外观，当视频插入完成，可以看到 Flash 文档中已经有了视频外观的组件，并且可以调整外观的大小。测试影片时，播放器上的按钮可以直接对视频文件进行控制操作。

使用此种方法导入的视频，并未真的导入到 Flash 源文件中，导入之后"库"中只有一个视频控制组件，FLV 格式的视频仍在外部，所以测试起来速度非常快，视频的播放通过组

157

件来完成。

2）"在 SWF 中嵌入 FLV 并在时间轴中播放"是属于嵌入式视频下载，一般这种格式主要用于在本地计算机上播放。本案例采用此种方法导入视频，视频素材就真正导入到了 Flash 源文件中，每次测试速度很慢。这种方式也不适合对较长视频进行编辑，若要对视频的播放进行控制，可通过动作脚本来实现。

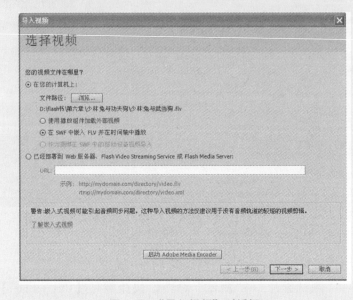

图 6.23 "导入视频"对话框

 技巧：如果采用第二种方法导入视频到 Flash 文档中，但是在舞台上，视频显示为黑色，不显示画面，而在本地计算机上，该视频文件又可以正常播放。在这种情况下，只需要将该视频文件采用专业的格式转换工作重新进行格式转换即可。

6.4.2 时间轴函数控制视频的回放

本案例中用到的动作脚本函数为时间轴控制函数，这些函数将在第 7 章中进行详细的讲解，这里只对脚本的含义做简要的说明。

1）stop（)表示让添加脚本的对象停止动画。

2）Play（)表示让添加脚本的对象开始动画。

3）gotoAndStop（1）表示让添加脚本的对象跳转到第 1 帧，并停止播放动画。

4）nextFrame（)表示让添加脚本的对象跳转到下一帧。

5）prevFrame（)表示让添加脚本的对象跳转到上一帧。

对视频的控制，会用到时间轴控制函数来进行控制，具体参考 7.2.2 节内容。

6.4.3　Flash 作品的输出与发布

　　本案例对 Flash 影片进行了测试，主要目的是为了查看在本地计算机和网络上的播放效果，如查看在本地计算机上的播放效果是否与预期的一样、Flash 影片的大小是否合适、能否在网络环境下顺畅地播放等。在测试完成之后，如果测试效果不理想，则在输出作品前可以对影片进行进一步的优化。

　　★ 提示：优化是相对的，有时优化会使动画效果有所减弱，所以要在保证动画效果不变的基础上进行优化。

　　对 Flash 影片进行测试和优化后，还需要使作品在传输媒体上可用，这就需要 Flash 的发布。发布的方法有三种：将动画嵌入网页、在网络上传输和播放、直接使用 Flash 制作网站或者网页等。

　　1）将动画嵌入网页。先将动画导出或者发布为 .swf 或者 .html 格式，然后在制作网页时，使用 Dreamweaver 或者 FrontPage 将 Flash 嵌入网页中。

　　2）在网络上传输和播放。先将动画导出或者发布为 .swf 格式，然后再上传到网络上。

　　3）直接使用 Flash 制作网站或者网页。将动画发布为 .html 也是的网页。

　　".swf"和".html"是最常用的两种格式。.swf 格式的文件可以在测试时得到，即按组合键【Ctrl + Enter】获得，而 .html 格式的文件只能通过发布获得。执行"文件"→"发布设置"菜单命令，可以进行发布菜单的参数设置，如图 6.24 所示。

　　设置完成后，执行"文件"→"发布"菜单命令，可以将 Flash 影片发布成为需要的格式，存放在与 Flash 源文件相同的文件夹中。

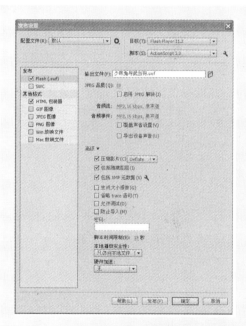

图 6.24　发布设置

第7章
Flash 脚本语言
——可交互式动画

相对于传统的 Flash 动画，可交互式动画可以使用户与动画之间进行鼠标、键盘等交互操作，以达到某种操作目的，这些可交互的实现必须依靠 Flash 内置的脚本语言 ActionScript 3.0 来实现，Flash 中提供了丰富的函数和语句来供使用。

学习要点

- AS3.0 语言的语法规范
- 按钮事件以及事件轴控制函数的使用方法
- 条件语句的使用方法
- 鼠标控制函数的使用方法

CS6

7.1 ActionScript 3.0 简介

ActionScript 是 Flash 内置的脚本语言，它是一种编程语言，通过 ActionScript 编写程序，可以实现 Flash 中交互式动画的制作。早期的 ActionScript 只有几个不多的函数来进行影片的控制，随着 Flash 在网络上的迅速普及，它不仅仅不被作为网络动画在使用，而且逐渐被应用到复杂的网络交互程序以及网络游戏上，这就需要 ActionScript 有更多的功能来满足其需求，故 Flash 的每次升级都会带来 ActionScript 的升级，从 ActionScript 1.0、2.0 到 ActionScript 3.0。

而 ActionScript 3.0 诞生于 Flash CS3 时代，在 Flash CS4 中更加完善。与前两个版本不同，ActionScript 3.0 是面向对象的编程语言，具有代码整洁、扩展性强、有大量优秀的设计模式、便于团队协作、便于二次开发等优点，担负着前台应用和后台数据之间相互联系的任务，是实现交互功能的核心。其强大功能的类管理相对于之前的版本，更为合理、清晰，对于没有编程基础的读者和游戏设计者来说，学习起来简单、易懂。

在编译执行方面，ActionScript 由 Flash Player 中的 ActionScript 虚拟机 Action Virtual Machine（AVM）来解释执行。ActionScript 语句要通过 Flash 编译环境或者 Flex 服务器将其编译成二进制代码格式，然后成为 SWF 文件中的一部分，被 Flash Player 执行。这就意味着，Flash Player 具有强大的跨平台性，任何平台只要嵌套 Flash Player 就可以轻松的播放 SWF 文件中的内容，在当下众多网站和网络游戏中，都会见到 Flash 的影子。

在 Flash CS6 中，执行"窗口"→"动作"菜单命令，或者按【F9】键，打开"动作面板"，可以在动作窗口中创建 ActionScript 脚本。动作面板是一个功能强大的 ActionScript 代码编辑器，集合了诸如代码提示、自动套用代码格式、查找替换、脚本助手等多项功能。ActionScript 1.0、2.0 的脚本是写在元件上的，而 ActionScript 3.0 的脚本能写在帧上，并且需要通过对元件建立相应监听器，通过函数来控制影片，使编程过程更为规范化。

7.2 制作"数学课件——找空隙"案例

【案例概述】

本案例是"找空隙"，源于小学四年级植树问题，分三种不同的情况，让学习者总结棵数与间隔之间的关系。主要用到按钮事件以及时间轴控制函数的使用。通过本案例的学习，学习者可以掌握如何利用按钮，控制场景的帧切换。效果如图 7.1 所示。

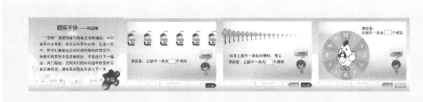

图 7.1 找空隙

【实现过程】

1. 设置"文档属性"

启动 Adobe Flash CS6 后，新建一个文档，设置文档大小为 1024×768 像素，背景为白色。执行"文件"→"保存"菜单命令，将新文档保存，命名为"找空隙"，并保存。

2. 布置舞台场景

`Step1` 将"图层 1"重新命名为"背景 1"。选择第 1 帧，执行"文件"→"导入"→"导入到舞台"菜单命令，在打开的"导入"对话框中选择与本案例相对应的素材文件夹的图片"背景 1.jpg"，设置图片与舞台大小相等，使用对齐工具使其舞台中心对齐，在第 4 帧处插入帧。

`Step2` 新增"图层 2"，重新命名为"背景 2"。选择第 2 帧，单击鼠标右键选择"插入空白关键帧"，执行"文件"→"导入"→"导入到舞台"菜单命令，在打开的"导入"对话框中选择与本案例相对应的素材文件夹的图片"背景 2.jpg"，设置其大小 950×635，如图 7.2 所示，使用对齐工具使其舞台中心对齐，在第 4 帧处插入帧。

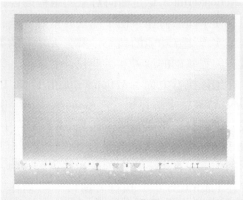

图 7.2　背景

`Step3` 新增"图层 3"，重新命名为"图"。选择第 2 帧，单击鼠标右键选择"插入空白关键帧"，执行"文件"→"导入"→"导入到舞台"菜单命令，在打开的"导入"对话框中选择与本案例相对应的素材文件夹的图片"房子.png"，并复制 5 个，使用对齐工具使其平均分布于舞台的上方，如图 7.3 所示。

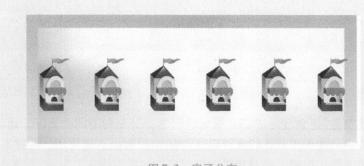

图 7.3　房子分布

选择第 3 帧，单击鼠标右键选择"插入空白关键帧"，执行"文件"→"导入"→"导入到舞台"菜单命令，在打开的"导入"对话框中选择与本案例相对应的素材文件夹的图片"树木.png"，复制出 19 个，并缩小，打开对齐工具选择"垂直中齐"和"水平居中分布"，如图 7.4 所示。

图 7.4　树的分布

选择第 4 帧，单击鼠标右键选择"插入空白关键帧"，执行"文件"→"导入"→"导入到舞台"菜单命令，在打开的"导入"对话框中选择与本案例相对应的素材文件夹的图片"表盘.png"，如图 7.5 所示。

Step4 制作元件。在"库"面板中的空白处，单击鼠标右键选择"新建元件"，类型选择"按钮"，命名为"start"。选择"弹起"帧，执行"文件"→"导入"→"导入到舞台"菜单命令，在打开的"导入"对话框中选择与本案例相对应的素材文件夹的图片"开始按钮.png"，设置大小为 317×345 像素，使其与舞台中心对齐，并在点击帧处插入帧。新增"图层 2"，重新命名为"文字"。在"弹起"帧处输入文字"开始"，设置颜色为白色，大小为76 像素，在"点击"帧处插入帧，如图 7.6 所示。

图 7.5　表盘

图 7.6　"开始"元件

163

使用如上方法，分布制作"上一图"、"下一图"、"重新开始"按钮元件和影片剪辑元件"提示"，如图 7.7 所示。

Step5 返回"场景 1"，新增"图层 4"，重新命名为"按钮"。

选择第 1 帧，将按钮元件"开始"从库面板中拖放至舞台，摆放至舞台的右下角。

选择第 2 帧，将按钮元件"下一图"从库面板中拖放至舞台，摆放至舞台的右下角。

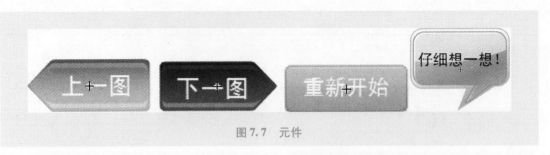

图7.7　元件

选择第 3 帧，将按钮元件"上一图"、"下一图"从库面板中拖放至舞台，摆放至舞台的右下角。

选择第 4 帧，将按钮元件"上一图"、"重新开始"从库面板中拖放至舞台，摆放至舞台的右下角。

Step6 新增"图层 5"，重新命名为"想一想"。选择第 2 帧插入空白关键帧，执行"文件→导入→导入到舞台"菜单命令，在打开的"导入"对话框中选择与本案例相对应的素材文件夹的图片"卡通老师 . png"，设置大小为 110×140 像素，放置舞台的右边，并将影片剪辑元件"提示"从库面板中拖放至舞台，摆放至合适的位置，如图 7.8 所示。

Step7 新增"图层 6"，重新命名为"文字"。

选择第 1 帧，使用"文本工具"输入对"找空隙"相关介绍的文字，如图 7.9 所示。

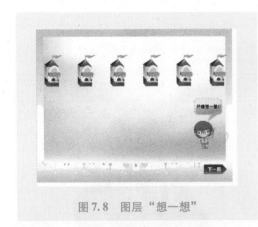

图 7.8　图层"想一想"

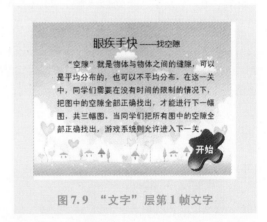

图 7.9　"文字"层第 1 帧文字

选择第 2 帧，插入空白关键帧，使用"文本工具"输入文字"请回答：上图中一共有"和"个间隔"，设置合适的大小和颜色。使用"文本工具"在两个文字之间绘出一个"输入文本框"并设置为合适的大小，如图 7.10 所示。

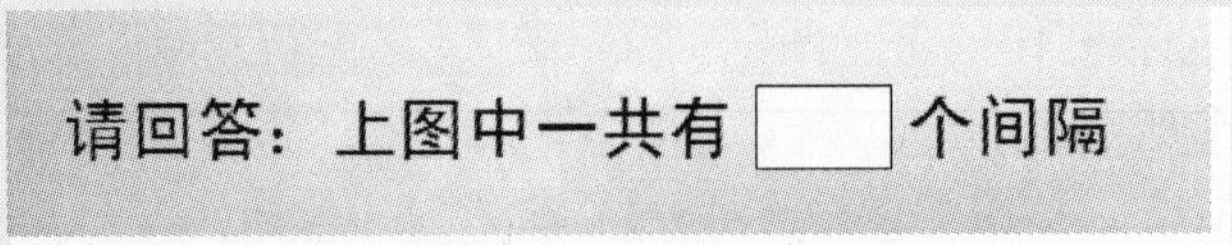

请回答：上图中一共有 □ 个间隔

图 7.10　"文字"层第 2 帧文字

依此方法，分别在第 3 帧和第 4 帧处输入相应的文字，如图 7.11 所示。

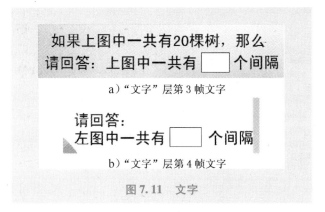

图 7.11　文字

3. 编写脚本代码

1）新增"图层 7"，重新命名为"actionscript"。

选择开始按钮实例命名为 start_btn，按【F9】键打开动作面板，为"开始"按钮建立事件侦听器，并建立对应的侦听函数 startgame( )，如图 7.12 所示。

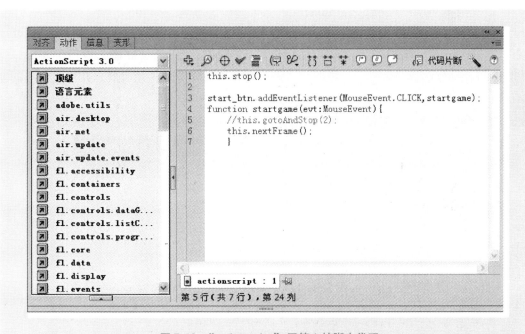

图 7.12　"actionscript"层第 1 帧脚本代码

将时间线移动到第 2 帧，选择"下一图"按钮在属性面板中为其实例命名为 next1_ btn。用鼠标右键单击选择"actionscript"层第 2 帧插入空白关键帧，按【F9】键打开动作面板，为"下一图"按钮建立事件侦听器，并建立对应的侦听函数 xiayitu1( )，如图 7.13 所示。

图 7.13　"actionscript"层第 2 帧脚本代码

　　将时间线移动到第 3 帧，选择"上一图"和"下一图"按钮在属性面板中分别为其实例命名为 syt_btn 和 xyt2_btn。右键单击选择"actionscript"层第 3 帧插入空白关键帧，按【F9】键打开动作面板，为"上一图"和"下一图"按钮建立事件侦听器，并建立对应的侦听函数 prev( ) 和 xiayitu2( )，如图 7.14 所示。

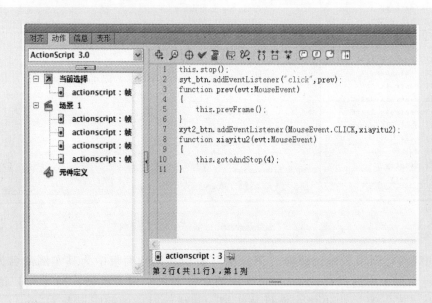

图 7.14　"actionscript"层第 3 帧脚本代码

　　将时间线移动到第 4 帧，选择"上一图"和"重新开始"按钮在属性面板中分别为其实例命名为 syt1_ btn 和 restart_ btn。右键单击选择"actionscript"层第 4 帧插入空白关键帧，按【F9】键打开动作面板，为"上一图"和"重新开始"按钮建立事件侦听器，并建立对应的侦听函数 prev1( )和 restart( )，如图 7.15 所示。

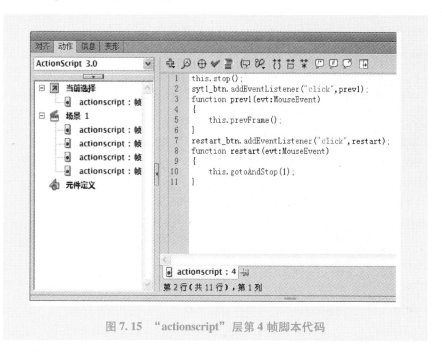

图 7.15　"actionscript"层第 4 帧脚本代码

2）本案例共需要 4 帧，每一帧由若干图层组成，其中，背景 1 和背景 2 各放置一层，按钮、文字、想一想以及第 2、3、4 帧的图片都单独放置一层，具体摆放如图 7.16 所示。

图 7.16　图层分布

【技术讲解】

167

⭐ 7.2.1　按钮事件处理函数的应用

按钮事件是指某一按钮在对应的鼠标事件（如鼠标单击、鼠标滑入滑出等）时，执行的相应操作。利用按钮可以控制影片的播放速度，以及场景或者帧的切换。若要按钮在对应的鼠标事件下执行某项操作，须为该按钮添加事件监听器。若要在 ActionScript 2.0 中新增事件监听器，在某些情况下必须使用 addListener( )，而其他情况下则必须使用 addEventListener( )。在 ActionScript 3.0 中，所有的情况只要使用 addEventListener( )即可。

本案例使用详解：

第 1 帧"开始按钮" start_btn 的鼠标单击 ActionScript 语句：

this. stop( );

start_btn. addEventListener(MouseEvent. CLICK, startgame) ;——→ 为 start_btn 建立侦听器，并建立相对应的函数 startgame，当鼠标单击按钮时，调用函数 startgame

function startgame(evt：MouseEvent) {———————→ 调用函数 startgame

//this. gotoAndStop(2);

this. nextFrame( );}

第 2 帧"下一图" next1_btn 的鼠标单击 ActionScript 语句：

this. stop( );

next1_btn. addEventListener("click", xiayitu1) ;——→ 为 next1_btn 建立侦听器，并建立相对应的函数 xiayitu1，当鼠标单击按钮时，调用函数 xiayitu1

function xiayitu1(evt：MouseEvent) {———————→ 调用函数 xiayitu1

this. gotoAndStop(3);}

第 3 帧"上一图"和"下一图" prev1_btn 和 next2_btn 的鼠标单击 ActionScript 语句：

this. stop( );

prev1_btn. addEventListener("click", prev1) ;
function prev1(evt：MouseEvent) {———→ 为 prev1_btn 建立侦听器，并建立相对应的函数 prev1，当鼠标单击按钮时，调用函数 prev1

this. prevFrame( );}

next2_btn. addEventListener(MouseEvent. CLICK, xiayitu2) ;
function xiayitu2(evt：MouseEvent) {———→ 为 next2_btn 建立侦听器，并建立相对应的函数 xiayitu2，当鼠标单击按钮时，调用函数 xiayitu 2

this. gotoAndStop(4);}

第 4 帧"上一图"和"重新开始" prev2_btn 和 restart_btn 的鼠标单击 ActionScript 语句：

this. stop( );

prev2_btn. addEventListener("click", prev2) ;
function prev2(evt：MouseEvent) {———→ 为 prev2_btn 建立侦听器，并建立相对应的函数 prev2，当鼠标单击按钮时，调用函数 prev 2

this. prevFrame( );}

restart_btn. addEventListener("click", restart) ;

function restart(evt：MouseEvent) {———→ 为 restart_btn 建立侦听器，并建立相对应的函数 restart，当鼠标单击按钮时，调用函数 restart
this. gotoAndStop(1);}

168

☆ 7.2.2 时间轴控制函数的使用

时间轴控制函数是指用函数来控制时间轴的播放进程，利用这些函数可以实现一些简单的交互控制。时间轴控制函数如图 7.17 所示。

本案例中，我们把时间轴控制函数应用到按钮上来控制帧的切换，可以使用 prevFrame( ) 和 nextFrame( ) 方法，也可以使用 gotoAndStop( ) 和 gotoAndPlay( ) 方法。

prevFrame( ) 方法是指将播放头转到上一帧并停止播放；

nextFrame( ) 方法是指将播放头转到下一帧并停止播放；

gotoAndPlay( ) 方法是指跳转到指定场景的指定帧，并从该帧开始播放；

gotoAndStop( ) 方法是指跳转到指定场景的指定帧，并从该帧停止播放。

图 7.17　时间轴控制函数

语法：

元件/场景名称 . nextFrame( )

元件/场景名称 . prevFrame( )

元件/场景名称 . gotoAndPlay（场景，帧）

元件/场景名称 . gotoAndStop（场景，帧）

"this" 主要表达式关键字：是对方法所包含对象的参考。当 ActionScript 执行时，this 关键字会参照到包含改程序代码的对象。在方法主体中，this 关键字会参照包含调用方法的类实体。以本范例来说，"this" 关键字代表的是目前作用的场景。

本案例使用详解：

第 1 帧 "开始按钮" start_btn 的鼠标单击 ActionScript 语句：

this. stop( );

start_btn. addEventListener(MouseEvent. CLICK,startgame);

function startgame(evt:MouseEvent) {

//this. gotoAndStop(2);

this. nextFrame( );}

> 在该场景内，跳转到第 2 帧或者下一帧。本案例中，this. gotoAndStop(2) 和 this. nextFrame( ) 两者的效果相同，但只能写一句。

第 2 帧 "下一图" next1_btn 的鼠标单击 ActionScript 语句：

this. stop( );

next1_btn. addEventListener("click",xiayitu1);

function xiayitu1(evt:MouseEvent) { | 在该场景内，跳转到第 3 帧。

this. gotoAndStop(3);}

第 3 帧 "上一图" 和 "下一图" prev1_btn 和 next2_btn 的鼠标单击 ActionScript 语句：

this. stop( );

prev1_btn. addEventListener("click",prev1);

function prev1(evt:MouseEvent) {

this. prevFrame( );}

next2_btn. addEventListener(MouseEvent. CLICK,xiayitu2);　——→ | 在该场景内，跳转到上一帧

function xiayitu2(evt:MouseEvent) {

this. gotoAndStop(4);}

第 4 帧 "上一图" 和 "重新开始" prev2_btn 和 restart_btn 的鼠标单击 ActionScript 语句：

this. stop( ) ; ——→ 在该场景内,跳转到第 4 帧

prev2_btn. addEventListener("click" , prev2) ;

function prev2(evt: MouseEvent) {

　　this. prevFrame( ) ; } ——→ 在该场景内,跳转到上一帧

restart_btn. addEventListener("click" , restart) ;

function restart(evt: MouseEvent) {

　　this. gotoAndStop(1) ; } ——→ 在该场景内,跳转到第 1 帧

7.3 制作 "通关密语测试" 案例

【案例概述】

本案例是使学习者输入数据，使用 if 语句来进行数据比对，并根据比对结果将影片播放头跳转到不同的帧上。当输入数据正确时，则可以通过单击不同的颜色色块更改衣服的颜色。通过本案例的学习，读者可以掌握文本框的相关知识，if…else 和 switch…case 语句的使用。效果如图 7.18 所示。

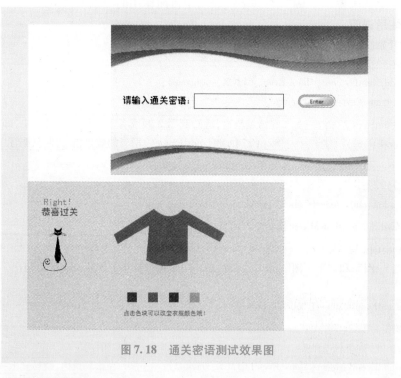

图 7.18　通关密语测试效果图

1. 设置 "文档属性"

启动 Adobe Flash CS6 后，新建一个文档，设置文档大小为 550 × 309 像素，背景为白

色。执行"文件"→"保存"菜单命令，将新文档保存，并命名为"通关密语测试"。

2. 导入背景图片

执行"文件"→"导入"→"导入到库"菜单命令，在打开的"导入"对话框中选择与本案例相对应的素材文件夹的图片"背景 1. jpg"、"背景 2. jpg"、"mm1. jpg"、"mm2. jpg"，再次单击"打开"按钮，导入所需的背景图片如图 7.19 所示。

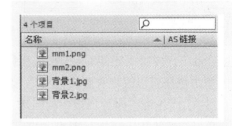

图 7.19　素材图片

3. 制作所需元件

Step1 新建"按钮"元件 默认命名为"元件 1"，在"弹起"帧处使用"矩形"工具创建一个如图 7.20 所示的正方形，并更改为颜色为"#0x006600"，选择该矩形，使用对齐工具，勾选"与舞台对齐"，使该矩形与舞台在水平和垂直方向上对齐。

使用该方法，再次创建 3 个按钮元件如图 7.21 所示，颜色分别为 #0xFF0000、#0x0000FF、#0xFF9900。

图 7.20　元件 1

图 7.21　按钮元件

Step2 新建"影片剪辑"元件，命名为"cloth_mc"，使用"钢笔"工具绘制出如图 7.22 所示的衣服，并把衣服的颜色设置为 #0xFF0000。

4. 布置主场景

Step1 返回主场景，双击"图层 1"重命名为"背景"。将"库"面板中的图片"背景 1. jpg"拖入到舞台，使其与舞台中心对齐。

Step2 在第 2 帧处插入空白关键帧，将"库"面板中的图片"背景 2. jpg"拖入到舞台，使其与舞台中心对齐，并在第 3 帧处插入帧。

Step3 新建图层 2，重命名为"内容"。右键单击第 1 帧，插入空白关键帧。使用"文本工具"输入静态文本"请输入通关密语："，并拖动出一个文本框，在属性面板中将其设置为"输入文本"，如图 7.23 所示。

设置静态本文和输入文本框的文字大小为 20，并调整好位置。

图 7.22　影片剪辑元件

图 7.23　文本的属性面板

Step4 插入按钮。执行"窗口"→"公用库"→"Buttons"菜单命令，打开"外部库"对话框，根据个人喜好，选择并插入一个按钮，放至输入文本框的后，在属性面板中将其实例命名为"ent_btn"。

Step5 选择"内容"层的第 2 帧，插入空白关键帧。将"库"面板中的影片剪辑元件"cloth_mc"、按钮"元件 1-4"拖入到舞台，并摆放好位置，在颜色按钮的下面输入静态文本"单击色块可以改变衣服颜色哦！"以作为提示。在舞台的左上角输入静态文本"Right！恭喜过关"，并将"库"面板中的图片"mm1.jpg"拖至舞台，放置在该文本的下面。

在属性面板中，将影片剪辑元件"cloth_mc"实例命名为"cloth_mc"，四个按钮元件实例命名为"a_btn"、"b_btn"、"c_btn"、"d_btn"，如图 7.24 所示。

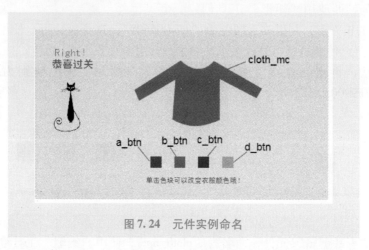

图 7.24　元件实例命名

Step6 选择"内容"层的第 3 帧，插入空白关键帧。输入静态文本"Sorry！通关密语错误"，并将"库"面板中的图片"mm2.jpg"拖至舞台，放置在该文本的下面。在"外部库"中选择一个按钮拖放至舞台，双击进入该按钮，将原有文字改为"返回首页"，整体效果如图 7.25 所示。

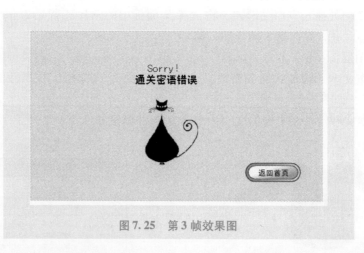

图 7.25　第 3 帧效果图

选择第 2 帧，在属性面板中将其帧标签改为"ok"；选择第 3 帧，在属性面板中将其帧标签改为"no"，如图 7.26 所示。

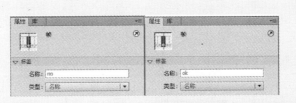

图 7.26　帧标签的更改

Step7 　新建图层 3，将其重命名为"actionscript"。将第 1 帧、第 2 帧、第 3 帧分别转换为空白关键帧。按【F9】键打开动作面板，在这三帧上分别输入脚本，如图 7.27 所示。

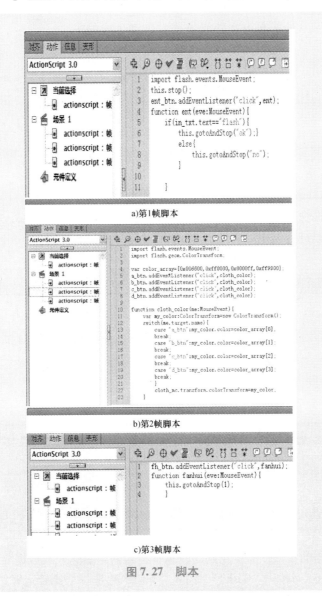

a)第 1 帧脚本

b)第 2 帧脚本

c)第 3 帧脚本

图 7.27　脚本

【技术讲解】

⭐ 7.3.1 文本框的使用

Flash 中文本工具提供了三种文本类型：静态、动态和输入。

静态文本：静态文本框用于显示在创作时创建的类型和文本内容，在运行时不会发生改变，如艺术字、标签按钮、表单或导航组件等。

动态文本：显示从外部文本文件或数据库自动生成的最新信息，当您想自动显示频繁得到更新的信息时，可使用动态文本，如股价行情、天气预报、时间等。

输入文本：用于在运行时让用户输入文本，如用户名和密码、表单和调查问卷等，如本节案例中的输入密码。

文本的属性一般有：文本类型、字体、大小、颜色、样式、对齐方式、字符间距和边距等，都可在属性面板中进行设置，如图 7.28 所示。

如果使用 Actionscript 语句对文本框进行控制的话，就需要给文本框进行实例命名（如 * _txt 等），然后在动作面板中的脚本代码中才可以进行引用。

图 7.28　文本属性

⭐ 7.3.2 条件语句的使用

1. if…else 条件语句

if…else 判断语句是指"如果…就…否则就…"，即当条件成立时执行某一事件，否则执行另一事件，若当条件不成立时不需要执行任何事件，则可 else 省略语句。

语法见表 7-1。

表 7-1　if…else 条件语句语法

条件成立执行语句 A，否则，执行语句 B	省略 else 语句
if（条件式）{ 程序语句块 A； ｝else｛ 程序语句块 B； ｝	if（条件式）｛ 程序语句块 ｝

条件式即对数据的比较，需要用到比较运算符对两组表达式或数据之间进行比较，例如本节案例中的"in_txt. text == "flash""中的" == "就是一个比较运算符，结果只有两种："true""false"，即"成立"与"不成立"，"真"与"假"，如图 7.29 所示。

符号	意义	类型	范例	结果
==	等于	布尔值	A==B；A==9	false；true
!=	不等于	布尔值	A!=B；A!=9	true；false
<	小于	布尔值	A<8；B<A	false；true
>	大于	布尔值	A>9；B>5	false；true
<=	小于或等于	布尔值	A<=9；B<=5	true；false
>=	大于或等于	布尔值	A>=9；B>=9	true；false
===	等于	布尔值	与等于、不等于运算符完全相同，但不会进行数据类型转换，
!==	不等于	布尔值	必须是相同、不相同的数据类型才能视为相等、不相等

图 7.29　比较运算符

　　本案例中使用 if…else 语句对文本内容进行判断，脚本代码如下：

```
import flash. events. MouseEvent;
this. stop( );
ent_btn. addEventListener( "click",ent);  ——→ 按钮监听器
function ent( eve:MouseEvent) {
if( in_txt. text = = "flash" ) {
        this. gotoAndStop( "ok" ) ;}
        else{
            this. gotoAndStop( "no" ) ;
    }
}
```

单击按钮"Enter"后,调用函数 ent( )

　　单击"Enter"按钮后，通过监听器调用 ent( )函数，函数中会将用户输入的数据与字符串"flash"进行比较，如果两者相符，则将场景的播放头移动到指定的帧"ok"上，并停止播放；如果两者不相符，则将场景的播放头移动到指定的帧"no"上，并停止播放。

　　2. switch…case 多条件选择的条件语句

　　switch…case 可用根据变量中的数据值来决定程序的执行流程，其变量的数据类型可以是字符串数据类型、整数数据类型等。

　　当评估值与条件值不符合时，若无初始值语句"default"，则直接结束 switch 语句。switch…case 语句的语法与范例见表 7-2。

　　用 break 可以达到执行一个 case 分支后，使程序的流程跳出 switch 结构，终止程序的执行目的。程序的最后一个分支 default 是在程序的最后执行，所以可以不加 break 语句。

　　switch 语句是多分支选择语句，当程序中分支很多时，如分数统计，可按优等生、良好生、中等生、差等生，如果用嵌套的 if 语句处理，会使程序显得冗长，并会使可读性降低，这时就可用 switch 语句进行处理。

175

表 7-2   switch…case 语句的语法与范例

语　　法	范　　例

switch（评估值）{
 	
case　条件值 1：
 	
　　语句区块 1；
 	
　　break；
 	
case　条件值 2：
 	
　　语句区块 1；
 	
　　break…；
 	
default：
 	
　语句区块 n + 1；
 	
}
	switch（color）{
	
	case　"y"：
	
	　　　　trace（"黄色"）；
	
	　　　　break；
	
	case　"g"：
	
	　　　　trace（"绿色"）；
	
	　　　　break…；
	
	default：
	
	　　　　trace（"蓝色"）；

本节案例中 switch…case 语句的使用在"内容"层的第 2 帧，脚本代码如下：

```
import flash. events. MouseEvent；
import flash. geom. ColorTransform；

var color_array = [0x006600,0xff0000,0x0000ff,0xff9900]；
```

声明一个具有 4 个元素的颜色数组 color_array，数组元素的十六进制分别对应"a_btn"～"d_btn"的 RGB 颜色值

```
a_btn. addEventListener( "click" ,cloth_color)；
b_btn. addEventListener( "click" ,cloth_color)；
c_btn. addEventListener( "click" ,cloth_color)；
d_btn. addEventListener( "click" ,cloth_color)；
```

建立监听器

```
function cloth_color( me :MouseEvent) {

var my_color :ColorTransform = new ColorTransform( )；
```

建立 ColorTransform 元件 my_color

```
switch( me. target. name) {
    case "a_btn" :my_color. color = color_array[0]；
        break；
        case "b_btn" :my_color. color = color_array[1]；
        break；
        case "c_btn" :my_color. color = color_array[2]；
        break；
        case "d_btn" :my_color. color = color_array[3]；
        break；
        }
```

根据按下的按钮不同，将 ColorTransform 元件 my_color 的 color 属性指定为不同的颜色

```
    cloth_mc. transform. colorTransform = my_color；
```

变换衣服影片剪辑"cloth_mc"的颜色

```
}
```

7.4 制作"识图游戏"案例

【案例概述】

本案例使用 ActionScript 3.0 中的 startDrag( ) 和 stopDrag( ) 方法来实现鼠标点击拖拽对象进行移动，松开鼠标时停止拖拽的动画，同时，使用 hitTestObject( ) 方法使拖拽对象与目标区域进行匹配。通过本案例的学习，读者可以掌握 startDrag( ) 和 stopDrag( ) 方法的使用，以及 hitTestObject( ) 方法的使用，识图效果如图 7.30 所示。

图 7.30 识图游戏

【实现过程】

1. 设置"文档属性"

启动 Adobe Flash CS6 后，新建一个文档，设置文档大小为 720×576 像素，背景为白色。执行"文件"→"保存"菜单命令，将新文档保存，并命名为"识图游戏"。

2. 制作所需元件

Step1 导入素材。执行"文件"→"导入"→"导入到库"菜单命令，在打开的"导入"对话框中选择与本案例相对应的素材文件夹的图片"1. png"～"8. png"、"bg1. png"～"bg8. png"，再次单击"打开"按钮。

Step2 新建影片剪辑，重新命名为 p1_mc，将图片 1. png 拖放至舞台，使用对齐工具使其与舞台水平和垂直方向都对齐，即中心对齐，如图 7.31 所示。使用此方法，依次创建图片 2. png ~ 8. png 的影片剪辑。

图 7.31 影片剪辑 "p1_mc"

图 7.32 影片剪辑 "bg1_mc"

> ★ 提示：在使用对齐工具时，如果想让对象与舞台中心对齐的话，一定要勾选"与舞台对齐"选项，否则只是对象本身的对齐。

新建影片剪辑，重新命名为 bg1_mc，将图片 bg1. png 拖放至舞台，使用对齐工具使其与舞台中心对齐，如图 7.32 所示。使用此方法，依次创建图片 bg2. png ~ bg8. png 的影片剪辑。

3. 布置舞台场景

`Step1` 将"图层 1"重新命名为"底图"。使用"基本矩形工具"在舞台上绘制一个圆角矩形，并设置颜色为"#999999"，摆放至舞台的左上角，如图 7.33 所示。

`Step2` 新建"图层 2"，并重新命名为"背景"。将影片剪辑"bg1_mc" ~ "bg8_mc"拖放至舞台，并摆放好位置，如图 7.34 所示。

图 7.33 "底图"层布置

图 7.34 "背景"层布置

`Step3` 新建"图层 3"，并重新命名为"水果"。将影片剪辑"p1_mc" ~ "p8_mc"拖放至舞台，摆放好位置，并为这些影片剪辑元件在属性面板中进行实例命名，如图 7.35 和

图 7.36 所示。

图 7.35　属性面板的设置

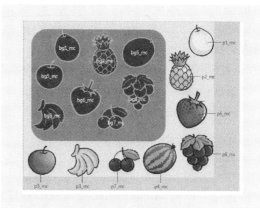

图 7.36　影片剪辑实例名

Step4　新建"图层 4"，并重新命名为"actionscript"。单击第 1 帧，按【F9】键打开动作面板，为场景中 p1_mc、p2_mc、p3_mc、p4_mc、p5_mc、p6_mc、p7_mc、p8_mc 影片剪辑编写鼠标按下与弹起的事件监听器与对应函数的 Actionscript，如图 7.37 所示。

图 7.37　"actionscript"层第 1 帧脚本代码

【技术讲解】

7.4.1　鼠标拖动效果的实现

　　鼠标拖动效果是指通过鼠标单击拾取拖拽对象，并通过移动鼠标使拖拽对象移动到不同的位置。如果要实现鼠标拖动效果，就会用到 startDrag( ) 和 stopDrag( ) 方法。

　　startDrag( ) 方法可以让使用者拖拽指定的影片剪辑。该影片剪辑在 startDrag( ) 方法被调用后，将维持可拖拽的状态，直到 stopDrag( )方法被调用或者直到其他影片剪辑变成可拖拽为止。

stopDrag( ) 方法可以结束 startDrag( ) 方法的调用效果，让使用者拖拽的影片剪辑离开拖拽的状态。

一次只能有一个影片剪辑处于可拖拽状态。

语法：

影片剪辑元件 . startDrag（ 锁定中心目标 ， 拖拽区域 ）

影片剪辑元件 . stopDrag（ ）

必要参数　　　　可省略参数

锁定中心 = 布尔值，指定可拖拽的影片剪辑要锁定于鼠标指针的中央（true），或是锁定在使用者第一次按下影片的位置（false）。

拖拽区域 = 矩形对像，指拖拽影片剪辑时的限制范围。

范例：

this. startDrag(true) ;　　　　　　　//将当前影片剪辑锁定于鼠标的中央，并开始拖拽。

my_mc. stopDrag( ) ;　　　　　　　　//停止拖拽影片剪辑"my_mc"。

本例使用详解：

拖拽对象（p1_mc ~ p8_mc）的单击鼠标事件的 Actionscript 语句：

p1_mc. addEventListener("mouseDown" , move) ;

p2_mc. addEventListener("mouseDown" , move) ;

p3_mc. addEventListener("mouseDown" , move) ;

p4_mc. addEventListener("mouseDown" , move) ;　　　　　　　任何一个拖拽对象发生鼠标单击事件

p5_mc. addEventListener("mouseDown" , move) ;　　　　　　　时，皆调用 move 函数进行处理

p6_mc. addEventListener("mouseDown" , move) ;

p7_mc. addEventListener("mouseDown" , move) ;

p8_mc. addEventListener("mouseDown" , move) ;

function　move(me : MouseEvent) {

me. target. startDrag(true) ;────拖拽对象开始"拖拽"动作

}

拖拽对象（p1_mc ~ p8_mc）的放开鼠标事件的 Actionscript 语句：

p1_mc. addEventListener("mouseUp" , stopmove1) ;────拖拽对象 p1_mc 放开鼠标时，调用 stopmove1 函数

function stopmove1(me : MouseEvent) {

me. target. stopDrag( ) ;────停止拖拽对象的"拖拽"动作

if(p1_mc. hitTestObject(bg1_mc)) {

    p1_mc. x = bg1_mc. x ;

    p1_mc. y = bg1_mc. y ;

    }

}

⭐ 7.4.2　热区的创建和使用

所谓热区，是指把某一个影片剪辑或者范围框作为响应区域，当另一个影片剪辑与热区发生碰撞或者相交，就执行某些行为。本案例中，我们设定背景图片 bg1_mc ~ bg8_mc 作为热区，当使用者用鼠标拖动拖拽对象时，与其所对应的热区发生碰撞或者相交时，则会被吸附到热区，即所谓的坐标赋予。

hitTestObject( ) 方法会评估影片剪辑和指定对象的范围框，如果它们在任何一点重叠或者相交，便会传回 true。

语法：

影片剪辑元件 . hitTestObject（ 元件 ）

必要参数　　　可省略参数

拖拽对象（p1_mc ~ p8_mc）的放开鼠标事件的 Actionscript 语句：

p1_mc. addEventListener（"mouseUp", stopmove1）; ⟶ 拖拽对象 p1_mc 放开鼠标时, 调用 stopmove1 函数

function stopmove1（me：MouseEvent）{
me. target. stopDrag（ ）;

if（p1_mc. hitTestObject（bg1_mc））{ ⟶ 将 bg1_mc 作为热区, 判断 p1_mc 与 bg1_mc 是否发生重叠或者相交

　　p1_mc. x = bg1_mc. x; ⟶ 根据上述判断, 如果两者相交,
　　p1_mc. y = bg1_mc. y; 　则把热区的坐标赋予拖拽对象的坐标

　　}

}

范例：

myBol = this. hitTestObject（my_mc）;

／＊以影片剪辑"my_mc"的范围框为评估值区域，评估影片剪辑"my_mc"与当前影片剪辑是否有重叠或相交，并将评估结果存入变量 myBol 中＊／

7.5　综合项目——"房地产公司网站导航"案例

【案例概述】

本案例是"房地产公司网站导航"案例的制作，以宝龙集团为例。通过本案例的学习，读者可以掌握如何获取本地时间和鼠标事件的使用（如鼠标滑入、滑出等）。案例部分效果如图 7.38 所示。

图 7.38 "房地产网站导航"效果图

【实现过程】

1. 设置"文档属性"

启动 Adobe Flash CS6 后，新建一个文档，设置文档大小为 775×353 像素，背景色为 #EDEDEB。执行"文件"→"保存"菜单命令，将新文档保存，并命名为"综合练习"。

2. 导入素材图片

执行"文件"→"导入"→"导入到库"菜单命令，在打开的"导入"对话框中选择与本案例相对应的素材文件夹的图片"宝龙图标.png"、"背景.jpg"、"背景1.jpg"、"背景2.jpg"、"地图.png"、"钉子.png"、"招聘信息.jpg"，再次单击"打开"按钮，导入所需的背景图片如图 7.39 所示。

图 7.39 素材导入

3. 制作所需元件

Step1 文字按钮元件的制作。新建"按钮"元件重命名为"元件 3"。将图层 1 重命名为

"文字"，在第 1 帧处输入文本"首页"，在第 2 帧处插入关键帧，并把文字的颜色更改为白色，在第 4 帧处插入帧。

Step2　新建一层置于"文字"层的下方重命名为"背景"，在第 2 帧处插入关键帧，使用铅笔工具为文字滑出背景，如图 7.40 所示，在第 4 帧处插入帧。

Step3　新建一层置于"文字"层的上方，重命名为"声音"，在第 2 帧处插入关键帧，导入声音文件 02 到库，在属性面板中选择 02。

图 7.40　按钮背景

依此方法，分别制作"关于我们"、"宝龙动态"、"人才中心"、"联系我们"的文字按钮。

Step4　接下来，为地图中的 9 个省市做出相对应的按钮元件。

使用"铅笔"工具在各个省份上绘制出其形状，然后把形状转换为按钮元件，以省市名称命名，并设置 Alpha 值为 0。

Step5　新建影片剪辑元件，默认命名为"元件 1"。选择第 1 帧，在动作面板中输入脚本"this. stop( )；"在第 2 帧处插入空白关键帧，使用"文本工具"输入河南相对应的宝龙城市广场名称，设置文本大小为 10、黑体，并使其与舞台中心对其。

依照此方法，在第 3 ~ 10 帧处分别输入其他各省市宝龙广场的名称。为了方便后期脚本的编写，需要为每一帧设置帧标签，用其所在的省市命名，如第 2 帧（河南省）的帧标签为"henan"，依此类推设置其他帧的帧标签，如图 7.41 所示。

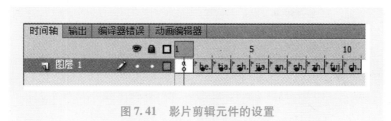

图 7.41　影片剪辑元件的设置

4. 布置舞台场景

Step1　将"图层 1"改为"背景"，将素材"背景 . png"、"背景 1. png"、"背景 2. png"、"宝龙图标 . png"、"钉子 . png"导入到舞台，摆放到相应的位置，并在宝龙图标的旁边加上合适的文字说明，之后在第 5 帧处插入帧。为防止出现图层之间的选择错误，锁定该层。

在该层的右上角，使用"文本工具"输入三个单独的静态文字："年"、"月"、"日"，并画出三个动态文本框，分别实例命名为：year_ txt、month_ txt、day_ txt，文字和文本框的大小均设置为 10，使用对齐工具，调整其位置如图 7.42 所示。

选择该层第 1 帧，按【F9】键打开动作面板，输入脚本代码如图 7.43 所示，设置文本框获取本地时间。

Step2　新增图层"按钮"。将之前制作好的文字按钮拖放至舞台背景 2 处，并摆放好位置，如图 7.44 所示，并在第 5 帧处插入帧，并分别将其实例命名为：home_ btn、us_ btn、dongtai_ btn、rencai_ btn、lianxi_ btn。

图 7.42 "背景"层

图 7.43 获取本地时间脚本

图 7.44 "按钮"层

选择第 1 帧为这些文字按钮设置交互脚本代码，如图 7.45 所示。

图 7.45　"按钮"层第 1 帧脚本代码

Step3 新增图层"内容"。第 1 帧在右边背景处为"首页"设置相应的内容场景；并把之前制作好的 9 个省市按钮元件拖放至对应的省市处，分别实例命名为：henan_btn、tianjin_btn、shandong _ btn、jiangsu _ btn、anhui _ btn、shanghai _ btn、zhejiang _ btn、fujian _ btn、chongqing_btn。

将影片剪辑"元件 1"放置在合适的位置。

在第 2 帧处插入空白关键帧，为"关于我们"设置相应的内容；依此类推，在第 2 帧、第 3 帧、第 4 帧、第 5 帧处分别为"宝龙动态"、"人才中心"、"联系我们"设置相应的内容，在第 5 帧处插入帧。

Step4 新增"Actionscript"层。选择第 1 帧，为那些省市按钮添加鼠标滑入/滑出的交互脚本代码，如图 7.46 所示。

Step5 分别为第 2 帧、第 3 帧、第 4 帧添加代码"this. stop( )；"。

【技术讲解】

⭐ 7.5.1　获取本地时间的方法

利用 Date 对象取得系统日期的时间信息，并组合显示出当期日期的年月日。通过 getFullYear( )、getMonth( )、getDay( ) 方法可以获取本地时间的年月日。

getFullYear( ) 方法会传回年份的绝对值，使用此方法可避免千禧年的问题，例如 1980 年就会传回"1980"。

getMonth( ) 方法会传回 Date 对象中一个介于 0 ~ 11 之间的整数，代表月份值（0 为 1 月，1 为 2 月……）。

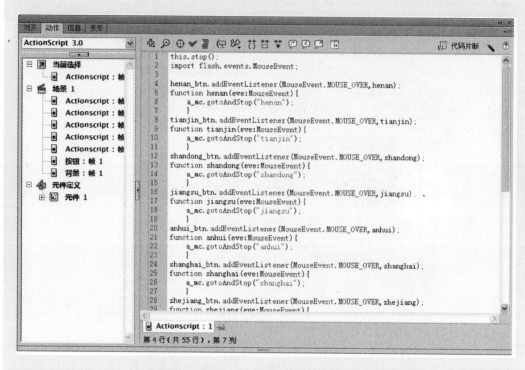

图 7.46 "Actionscript"层第 1 帧脚本代码

getDay（）方法会传回 Date 对象中一个介于 1～31 之间的整数，代表日期值。

语法：

日期时间对象.getFullYear（）

日期时间对象.getMonth（）

日期时间对象.getDay（）

本节中的例子应用在"背景"层第 1 帧：

var nowDate = new Date（）； ⟶ 建立日期时间对象

year_txt. text = nowDate. getFullYear（）；

month_txt. text = nowDate. getMonth（）+1； ⟶ 将当期日期（年月日）分别指定给"yeat_txt""month_txt""day_txt"等动态文本框

day_txt. text = nowDate. getDay（）；

⭐ 7.5.2 鼠标事件的使用

本节案例中用到了两个鼠标事件：Mouse_Over 和 Mouse_Out。鼠标事件是指当鼠标进行单击、双击、按下、移入、移出等操作时，所执行的操作。

Mouse_Over：当鼠标指针在对象范围内移动时发生。字符串为 mouseOver。

Mouse_Out：当鼠标指针移出对象时发生。字符串为 mouseOut。

在 Actionscript 3.0 中，常用的鼠标事件如图 7.47 所示。

事件名称	参照值	说明
CLICK	字符串: click	当发生单击一次鼠标键的动作时
DOUBLE_CLICK	字符串: doubleClick	当发生双击鼠标键的动作时
MOUSE_DOWN	字符串: mouseDown	当发生按下鼠标键的动作时
MOUSE_MOVE	字符串: mouseMove	当鼠标指针在物体的范围内移动时
MOUSE_OUT	字符串: mouseOut	当鼠标指针移开物体的范围时
MOUSE_OVER	字符串: mouseOver	当鼠标指针移入物体的范围时
MOUSE_UP	字符串: mouseUp	当发生放开鼠标键的动作时
MOUSE_WHEEL	字符串: mouseWheel	当发生鼠标滚轮滚动的动作时

图 7.47　常用鼠标事件

本节中的例子应用在 "Actionscript" 层第 1 帧，以河南为例进行讲解。

```
henan_btn. addEventListener( MouseEvent. MOUSE_OVER, henan) ;
function henan( eve: MouseEvent) {
a_mc. gotoAndStop( "henan" ) ;
}
```

> 当鼠标移入按钮元件"henan_btn"的范围时，执行函数 henan，使影片剪辑 a_mc 跳转到"henan"这一帧

```
chongqing_btn. addEventListener( MouseEvent. MOUSE_OUT, out) ;
henan_btn. addEventListener( MouseEvent. MOUSE_OUT, out) ;
tianjin_btn. addEventListener( MouseEvent. MOUSE_OUT, out) ;
shandong_btn. addEventListener( MouseEvent. MOUSE_OUT, out) ;
jiangsu_btn. addEventListener( MouseEvent. MOUSE_OUT, out) ;
anhui_btn. addEventListener( MouseEvent. MOUSE_OUT, out) ;
shanghai_btn. addEventListener( MouseEvent. MOUSE_OUT, out) ;
zhejiang_btn. addEventListener( MouseEvent. MOUSE_OUT, out) ;
fujian_btn. addEventListener( MouseEvent. MOUSE_OUT, out) ;
chongqing_btn. addEventListener( MouseEvent. MOUSE_OUT, out) ;
function out( eve: MouseEvent) {
a_mc. gotoAndStop( 1) ;
}
```

> 当鼠标移出任何一个按钮元件的范围时，执行函数 out，使影片剪辑 a_mc 跳转到第 1 帧

第 8 章
综合能力进阶

　　经过前面几章学习，相信读者对 Flash CS6 已经有了一个非常全面地认识。本章将通过几个大型的实战型综合项目，向读者全面展示 Flash 的制作技巧和应用魅力。好了让我们马上开始吧！

学习要点

- 综合案例的制作方法
- 镜头切换的基本技巧
- 游戏设计的基本方法
- 游戏中类的实现

CS6

8.1 综合动画概述

8.1.1 动画概述

动画是通过连续播放一系列画面，给视觉造成连续变化的图像。传统动画制作技艺复杂，完全依赖创作人员手绘拍摄而得，是一项工程浩大的集体劳动。按照每秒 24 帧画面计算，1min 的动画片就需要绘制 1440 张图画。在最早的迪士尼动画片《白雪公主》这部长达83min 的动画片中，共绘制了 2 亿张草图，最后用来拍摄的图画也达 250000 张。这不仅耗时费力，在具体的技术环节上也很难把握。对于动作设计、时间控制等方面对动画师都有极高的要求，即使是动画师拥有高超的绘画技能、丰富的生活经验也很难解决这一问题。随着计算机图形学及相关技术的飞速发展，人们想到借助计算机来辅助制作动画，随后一系列的动画软件相继问世。Flash 软件以其优秀的矢量绘图功能及强大的动画制作功能风靡全球。

8.1.2 综合动画制作技巧

本章主要介绍综合动画制作过程中常用的技巧和手法，具体如下：

1）如何实现预载动画；
2）如何实现镜头的切换；
3）镜头的移动在动画场景中的应用；
4）如何有效地管理元件；
5）如何使用影片剪辑混合模式。

8.2 "高校网站开场动画"项目

【项目说明】

本项目的主要内容是制作一个高等院校的网站开场动画。项目的开头是预载动画，接着动画显示该学校的中英文名称；动画的主画面主要显示该校的校风校训和教风学风两部分内容，中间小动画显示该校的主要科研成果、研究领域和学术上有成绩的教授图片；最后显示登录界面，访问者可点击按钮访问学校主页。其效果如图 8.1 所示。

【实现过程】

1. 项目设计思路

Step1 本项目是一个高校的网站开场动画，开场动画以该校的"校风校训"、"学风教风"为主要内容来显示该高校的主要风貌，为了进一步突出该高校的特色，中间用圆形的小动画

图8.1　项目中的主要界面效果图

循环显示了该校相关研究领域的画面、相关的科研人员的图片等信息。由于是高等院校的网站开场动画，字体和相关颜色的选取上尽量避免花哨、过分修饰的痕迹，以显示高等院校沉稳、大气的特点。

Step2 本项目的设计步骤分为五个部分：预载动画、名字显示、校风校训显示、学风教风显示、欢迎访问界面。

2. 制作预载动画

Step1 启动 Adobe Flash CS6 后，新建一个文档，设置文档大小为 778×432 像素，背景为"蓝色"。执行"文件"→"保存"菜单命令，将新文档保存，并命名为"高校网站开场动画"。

Step2 重命名图层 1 为"loading"，选择"文本工具"，设置"文本类型"为"静态文本"，字体为"Times New Roman"，字号为"12"，字体颜色为"#666666"，在舞台中间处输入"LOADING…"，并将该文本转化为影片剪辑元件"loading"，效果如图 8.2 所示。

Step3 新建图层并重命名为"计数"，选择"文本工具"，设置"文本类型"为"动态文本"，字体为"Times New Roman"，字号为"12"，字体颜色为"黑色"，在元件"loading"的后面拖出一个文本框，在"属性"面板中将变量命名为"percentage"，如图 8.3 所示。

Step4 新建图层并重命名为"进度条 1"，选择"矩形工具"，设置笔触颜色为"无"，填充类型为"线性填充"，颜色设置为"#33B3FF"和"#CEFF66"，在"loading…"的下面画一个矩形，并将其转化为影片剪辑元件"进度条 1"，并将该实例命名为"bar"，效果如图 8.2 所示。

图 8.2　加载动画设计界面

图 8.3　"percentage"动态文本设置

Step5 在图层"进度条 1"上新建图层"加载条 2",选择"矩形工具",设置笔触颜色为"白色",填充颜色为"线性填充",颜色设置为 3 个"#FFFFFF","Alpha"值依次设置为"0%"、"70%"和"0%",颜色填充为上下填充,画一个和"进度条 1"一样大小的矩形,并将其转化为影片剪辑元件"进度条 2",效果如图 8.2 所示。

Step6 新建图层并重命名为"as"。选中第 1 帧,在"动作"面板中输入如图 8.4 所示脚本。

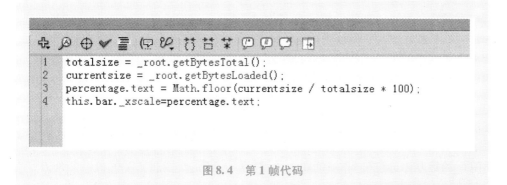

```
1  totalsize = _root.getBytesTotal();
2  currentsize = _root.getBytesLoaded();
3  percentage.text = Math.floor(currentsize / totalsize * 100);
4  this.bar._xscale=percentage.text;
```

图 8.4　第 1 帧代码

其中第 1 行,用 getBytesTotal() 函数获取影片的总字节数并赋值给变量 totalsize;第 2 行,用 getBytesLoaded() 函数获取影片已经下载的字节数并赋值给变量 currentsize;第 3 行计算已经下载的百分比并赋值给动态文本框"percentage"显示。第 4 行实例"bar"的长度随着下载百分比动态增大。

选中第 2 帧,在"动作"面板中输入如图 8.5 所示代码。

其中第 1 行代码判断已加载的字节数是否等于总字节数(是否加载 100%);第 3 行表

示如果下载没有完成，跳转到第 1 帧，继续预载；第 7 行表示下载完毕，转到主动画中播放。

3. 制作名字显示动画

Step1 新建影片剪辑元件"中文名字"。选择"文本工具"按钮，设置"文本类型"为"静态文本"，字体为"中山行书"，字号为"45"，字体颜色为"#D20905"，输入"河南科技学院"。

Step2 新建影片剪辑元件"英文名字"。选择"文本工具"按钮，设置"文本类型"为"静态文本"，字体为"Arial"，字号为"15"，字体颜色为"#000000"，输入"Henan Institute of Science and Technology"。

Step3 新建图形元件"光束"。绘制一个宽为 60 像素，高为 77 像素的无框矩形，填充类型为"线性填充"，3 个颜色值均为"#FFFFFF"，"Alpha"值依次设置为"0%"、"70%"和"0%"，颜色填充为左右填充，其效果如图 8.6 所示。

```
1  if (percentage.text < 100)
2  {
3      gotoAndPlay(1);
4  }
5  else
6  {
7      gotoAndPlay(4);
8  }
```

图 8.5　第 2 帧代码

图 8.6　绘制"光束"效果图

Step4 回到主场景中，新建图层重命名为"内框"，在第 5 帧插入空白关键帧。在第 5 帧处绘制一个大小为 778×432 像素的无框白色矩形，使其正好遮住舞台背景。

Step5 回到主场景中，新建图层重命名为"标题"，在第 5 帧插入空白关键帧，拖动元件"中文名字"、"英文名字"到舞台中央，将这两个元件转化为影片剪辑元件"文字动画"。双击"文字动画"元件，进入该元件编辑窗口。将元件"中文名字"、"英文名字"分别放到"中文"、"英文"图层中。分别在两个图层的第 24 帧处插入关键帧，分别设置第 1 帧处该实例的"色彩效果"样式为"Alpha"，取值为"0%"，然后在各层的第 1 帧和第 24 帧中间创建传统补间动画。新建图层"中文 2"，复制图层"中文"的第 24 帧到其 24 帧处。新建图层"光束"，在第 24 帧处插入关键帧，拖动元件光束到舞台上，并将其放置在"河南科技学院"的最左边，在第 62 帧处插入关键帧，并将元件移到文字的最右侧外方，在第 24 帧和第 62 帧中间创建传统补间动画。移动图层"光束"到图层"中文 2"的下方，选中图层"中文 2"，创建遮罩层。延伸各图层至第 68 帧。新建图层，在第 68 帧处插入空白关键帧，添加代码"stop( );"。其最后效果如图 8.7 所示。

Step6 新建按钮元件"跳过"。选择文本工具，字体为"宋体"，大小为"15"，颜色为"黑色"，输入文字"跳过"，在"指针经过"、"按下"和"点击"处插入关键帧。新建图层，绘制一个大小和文本相同的无框矩形，颜色填充为淡蓝色渐变，可参考元件"光束"的填充方法，其效果如图 8.8 所示。

图 8.7　"文字动画"影片剪辑的图层关系

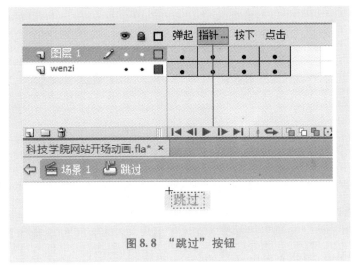

图 8.8　"跳过"按钮

Step7　回到主场景中，新建图层重命名为"按钮"，在第 21 帧插入空白关键帧，放置按钮元件"跳过"到舞台的右下方，在第 29 帧处插入关键帧。设置 21 帧处的"跳过"按钮实例的"色彩效果"样式为"Alpha"，取值为"0%"，在第 21 帧和第 29 帧中间创建传统补间动画。选中该按钮，在右键菜单中选择"动作"选项，输入代码"on（release）｛gotoAndPlay（735）;｝。"

　　4. 制作"校风校训显示"动画

Step1　新建图形元件"线 1"。选择"直线工具"，设置笔触颜色为"#8FBBFA"，绘制一条直线。新建图形元件"边线"。选择"矩形工具"，设置笔触颜色为"无"，填充颜色为"#E1EBFF"，绘制高度为 6 像素，宽为 800 像素的矩形。参照元件"边线"的绘制方法，创建填充颜色为"#6699FF"，高度为 6 像素的元件"线 2"；创建填充颜色为"#66CCCC"，高度为 3 像素的元件"线 3";创建填充颜色为"#CCFF99",高度为 1 像素的元件"线 4"。

Step2 新建影片剪辑元件"彩带"。在第 1 帧处放入元件"线 2",在第 10 帧处插入关键帧。设置第 1 帧处的 Alpha 值为 20%,垂直向下移动第 10 帧处的元件一小段距离,设置 Alpha 值为 60%。在第 22 帧处插入关键帧,垂直向下移动一些距离,设置实例的"色彩效果"样式为"Alpha",取值为"0%",分别在第 1 帧和第 10 帧中间,第 10 帧和第 22 帧中间创建传统补间动画。以此方法新建图层,放入不同的彩线,制作一个线条交叉运动的动画,其效果如图 8.9 所示。

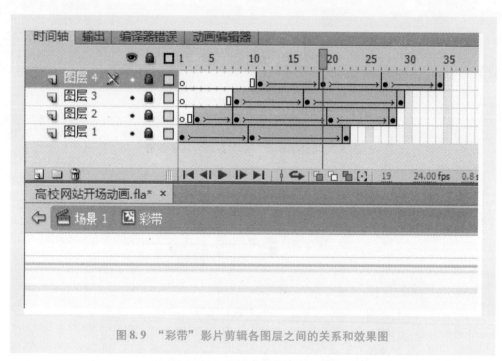

图 8.9 "彩带"影片剪辑各图层之间的关系和效果图

Step3 导入"素材"文件夹内的所有图片文件。新建图形元件"图片 1",将"库"面板中的"image1"拖入其中,设置大小为 778×210 像素。

Step4 新建图形元件"校训"。选择"文本工具",字体为"方正姚体",大小为"55",颜色值为"#990000",输入文字"校训校风"。新建图形元件"文字 1-1"。选择"文本工具",字体为"方正姚体",大小为"25",颜色值为"#990000",输入文字"崇德尚能,知行合一"。在"库"面板中选中图形元件"文字 1-1"直接复制为图形元件"文字 1-2",打开元件修改其中的文字为"自立自强 求是创新"。

Step5 新建图形元件"圆"。选择"椭圆工具",填充颜色设置为"无",绘制一大小为 121×121 像素的正圆,选择"修改"→"形状"→"将线条转化为填充"命令,将线条转化为填充。选择"颜色"面板,设置填充颜色类型为"线性填充",颜色设置为"#FFFFFF"（Alpha 值为 100%）、"#FFFFFF"（Alpha 值为 0%）,其效果如图 8.10 所示。

图 8.10 图形元件"圆"的效果图

Step6 　新建影片剪辑元件"圆圈"。将元件"圆"拖入舞台中，在第21帧处插入关键帧，在第1帧和第21帧中间创建传统补间动画。打开"属性"面板，设置补间属性为"顺时针旋转"、"1圈"。

Step7 　新建影片剪辑元件"圆圈1-2"。选择"椭圆工具"，填充颜色设置为"无"，填充颜色设置为白色，绘制一个120×120像素的正圆，在第8帧处插入关键帧。选中第1帧，将圆的形状缩小为14×14像素的正圆，圆心不变，在第1帧和第8帧中间创建形状补间动画。选中第1帧到第8帧，复制到第27帧和第35帧。在"图层1"的下面新建图层"图"，在第8帧插入空白关键帧，放入图片"1-3"，使其中心和上面图层的圆心对齐，将该图片转化为元件"图1-3"，在第22帧处插入关键帧，设置第8帧处元件"图1-3"的实例Alpha值为0，在第8帧和第22帧处创建传统补间动画。按此方法在第35帧和第48帧处放入图片"1-4"。新建图层，在第50帧处插入空白关键帧，添加动作代码"stop( );"。元件"圆圈1-2"图层之间的关系如图8.11所示。

图8.11　元件"圆圈1-2"图层之间的关系

Step8 　新建影片剪辑元件"圆圈1"。在"图层1"中选择"椭圆工具"，填充颜色设置为"无"，笔触颜色设置为白色，绘制一个120×120像素的正圆，在第30帧处插入关键帧。选中第1帧，将圆的形状缩小为5×5像素的正圆，圆心不变，在第1帧和第30帧中间创建形状补间动画。在"图层1"下面新建"图层2"在第1帧中放入图片"1-1"，中心和"图层1"中的圆心对齐。在第46帧处插入关键帧，放入图片"1-2"，转化为图形元件"图1-2"，在75帧处插入关键帧，设置第46帧处实例的"色彩效果"样式为"Alpha"，取值为"0%"，在第46帧和第75帧中间创建传统补间动画。在第91帧处插入空白关键帧，放入元件"圆圈1-2"，扩展各层帧到第140帧。在"图层1"的上面新建图层"圆圈"，在第1帧处放入元件"圆圈"，使其中心和下面图片对齐，扩展帧到第140帧，在"图层1"处创建遮罩层。其各层之间的关系如图8.12所示。参照元件"圆圈1"的制作方法创建元件"圆圈2"，放置图片"2-1"、2-2、2-3、2-4"到元件中。

Step9 　回到主场景中。新建图层"图片"，在第30帧处放入元件"图片1"，使其对其到舞台中央。在第45帧处插入关键帧，设置第30帧处实例的"色彩效果"样式为"Alpha"，

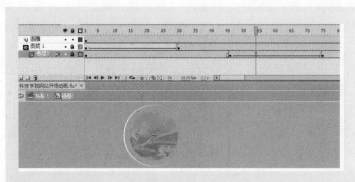

图 8.12　元件"圆圈 1"图层之间的关系

取值为"0%"，在第 30 帧和第 45 帧中间创建传统补间。选中第 30 帧到第 45 帧，复制到第 304 帧处，选中第 304 帧到第 321 帧，单击鼠标右键选择菜单中的"翻转帧"。

Step10▷ 回到主场景中。新建图层"图片"，在第 30 帧处放入元件"图片 1"，使其对其到舞台中央。在第 45 帧处插入关键帧，设置第 30 帧处实例的"色彩效果"样式为"Alpha"，取值为"0%"，在第 30 帧和第 45 帧中间创建传统补间动画。

Step11▷ 新建图层"线 1"和"线 2"，在第 12 帧插入空白关键帧，在两个图层分别放置元件"线 1"，调整其宽度为与舞台等长，并使用"对齐"面板，使其放置在舞台中央。在第 29 帧处插入关键帧，分别向下、向上调整两根线到舞台高度的 1/4 和 3/4 处（即图片的上下边沿处）。在第 21 帧和第 29 帧中间创建传统补间动画。

Step12▷ 新建图层"边线"，在第 30 帧处插入关键帧，拖入两个"边线"元件，分别放置"线 1"和"线 2"的外侧。新建图层"彩带"，在第 30 帧处插入关键帧，拖入元件"彩带"放在背景图片的下方。边线等各图层之间的关系和效果图如图 8.13 所示。

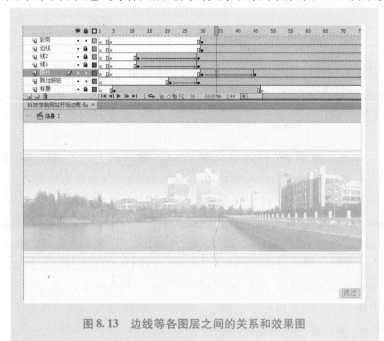

图 8.13　边线等各图层之间的关系和效果图

Step13 新建图层"文字 1"。在第 56 帧处插入关键帧，拖动元件"校训"到边线的左上方。转化为元件"校训动画"，双击该元件进入编辑窗口。在第 10 帧处插入关键帧，向左移动第 1 帧处的实例到舞台外边，设置实例的"色彩效果"样式为"Alpha"，取值为"0%"，在第 1 帧和第 10 帧之间创建补间动画，插入帧到第 53 帧。新建图层 2，复制图层 1 的第 10 帧到图层 2 的第 12 帧，插入帧到第 53 帧。在图层 2 的下面新建图层 3，在第 13 帧处插入关键帧，放置元件"光束"在文字的左侧，分别在第 33、53 帧处插入关键帧，移动第 33 帧处的元件到文字的右侧，分别在第 13 帧和第 33 帧之间，第 33 帧和第 53 帧中间创建传统补间动画，在图层 2 处创建遮罩层遮罩图层 3。新建图层，在第 53 帧处插入关键帧，添加动作代码"stop( );"。"校训动画"元件各图层之间的关系如图 8.14 所示。

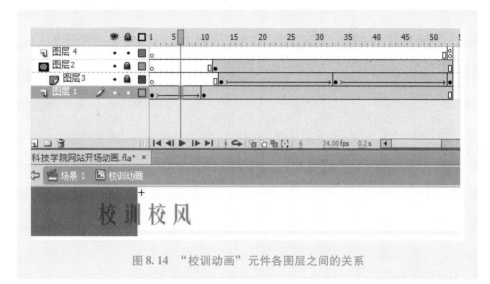

图 8.14 "校训动画"元件各图层之间的关系

Step14 新建图层"文字 2"。在第 97 帧处插入关键帧，拖动元件"文字 1-1"、"文字 1-2"到背景图片的右上方，具体位置如图 8.15 所示。选中两个元件，转化为影片剪辑元件

图 8.15 影片剪辑"文字 2 动画"的图层设置

"文字2动画",双击进入该元件编辑窗口。分别将两个元件放置到不同的图层中,创建从舞台外侧移动到舞台上的补间动画,具体方法如图8.15所示。

Step15 新建图层"文字3"。在第126帧处插入关键帧,选择"文本工具",在舞台的右上方处输入如图8.14所示的文字,转化为影片剪辑元件"文字3",在元件"文字3"中新建图层绘制一条竖线。分别给两个图层创建遮罩层,使其动态显示,在第26帧处添加代码"stop();"其各图层之间的关系如图8.16所示。

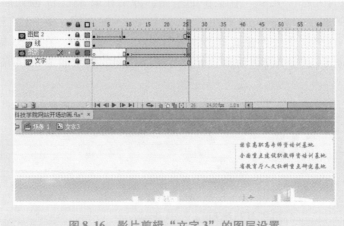

图8.16　影片剪辑"文字3"的图层设置

Step16 新建图层"圆圈1"。在第162帧处插入关键帧,放置元件"圆圈1"到舞台上。新建图层"圆圈2"。在第199帧处插入关键帧,放置元件"圆圈2"到舞台上。将两个图层延伸至301帧。

5. 制作"学风教风显示"动画

Step1 新建影片剪辑元件"图片2"。在"图层1"第1帧中拖入图片"2.jpg",新建图层2,在第1帧处绘制一个比图片稍大的菱形,在第22帧处插入关键帧,在第1帧处缩小该图形到左下角处,在第1帧和第22帧处创建形状补间动画,设置图层2遮罩图层1,并在第22帧处添加动作代码"stop();"。其图层设置如图8.17所示。

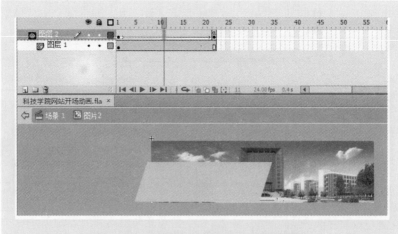

图8.17　影片剪辑"图片2"的图层设置

Step2 参照制作"校风校训显示"动画的方法制作"学风教风显示"动画部分。

Step3 新建图形元件"背景边框"。绘制一个大小为1450×994像素的红色边框无填充颜色的矩形，接着绘制一个大小为748×432像素的红色边框无填充颜色的矩形，使这两个矩形分别和舞台对齐到中央，将两矩形边框围成的图形填充为矩形，删除掉边线。新建图层"背景边框"，在第4帧处插入空白关键帧，拖入元件"背景边框"，放置到舞台中央，扩展帧到650帧。

6. 制作"欢迎访问界面"动画

Step1 新建图形元件"背景2"。选择"矩形工具"，绘制一个大小为778×432像素的无框矩形，进行"淡蓝色"、"蓝色"的线性渐变填充。

Step2 新建图形元件"线圈"。参考元件"圆"的绘制方法，绘制一个直径为260像素的正圆，填充颜色为无。

Step3 新建图形元件"欢迎"。选择"文本工具"，字体为"华文行楷"，大小为"40"，颜色为白色，输入文字"欢迎访问"。

Step4 新建图形元件"环"。使用"椭圆工具"，绘制一个白色的空心圆环白色，其效果如图8.18所示。新建影片剪辑元件"动态环"，在第1帧处拖入元件"环"，在第15帧处插入关键帧，保持中心点不变，对该实例进行放大，设置实例的"色彩效果"样式为"Alpha"，取值为"0%"，在第1帧和第15帧中间创建传统补间动画。

图8.18 元件"环"的效果图

Step5 新建影片剪辑元件"按钮形状"。在图层1处放置元件"动态环"，大小设置为50×50像素，对齐到舞台中心；在图层2中绘制一个大小为85×85像素的无边框正圆，颜色填充为"白色"，Alpha值为25%，对齐到舞台中心；在图层3中绘制一个大小为74×74像素的白色边框正圆，颜色填充设置为"淡蓝色线性渐变"，对齐到舞台中心；在图层4中绘制一个大小为74.75×74.75像素的无边框正圆，颜色填充设置为"白色线性渐变"，Alpha值分别为0和50%，对齐到舞台中心；在图层5中绘制一个白色线性渐变的椭圆，作为高光放在图形的左上方，其效果如图8.19所示。

各图层放置图形的效果　　　　　　　　　　　　　　　　　按钮最终效果

图8.19 元件"按钮形状"效果图

Step6 新建按钮元件"登录按钮"。在"指针经过"、"按下"和"点击"处插入空白关键帧。在"点击"处绘制一个黄色正圆。

Step7 回到主场景中，在图层"内框"第652处插入关键帧，将元件"背景2"拖到舞台中，在第735处插入普通帧。新建图层13在第655拖入"线圈"元件；新建图层14在第653帧处拖入"线圈"元件，在第735处插入普通帧。调整它们的大小如图8.20所示。

图 8.20　线圈放置位置效果图

Step8 　新建图层"欢迎"。在第 678 帧处插入空白关键帧，将元件"欢迎"拖到舞台中，放置到如图 8.21 所示的位置。新建图层"竖线"，在第 689 帧处插入空白关键帧，选择"直线工具"绘制一白色竖线，在第 694 帧处插入关键帧，缩小第 689 帧处图形，在第 689 帧和 694 帧中间创建形状补间动画。新建图层"中文"，在第 695 帧处拖入元件"中文名字"；新建图层"英文"，在第 711 帧处拖入元件"英文名字"。其效果图如图 8.21 所示。

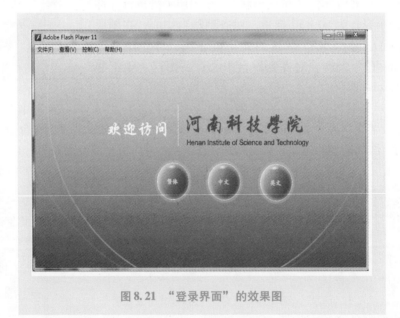

图 8.21　"登录界面"的效果图

Step9 　新建图层"按钮"。在第 725 帧处插入空白关键帧，拖入元件"按钮形状"，再拖入元件"登录按钮"，放置到"按钮形状的上面"，形状大小一样，选择"文本工具"，在上面输入"英文"。选中该按钮，在右键菜单中选择"动作"选项，输入代码"on（release）{getURL（" http：//www. hist. edu. cn"）;}"。

　　参照此方法，在舞台上放置如图 8.21 所示的另外两个按钮。

Step10 扩展"登录界面"部分的各图层至第 735 帧，在第 735 帧处加入动作代码"stop( );"。

【技术讲解】

8.2.1 预载动画的使用

预载动画是 Flash 网页动画制作过程中的一个关键，因为即便是 Flash 生成的文件很小，但是制作出的大型动画对于使用调制解调器的用户速度还是需要解决的。如果没有一个预载的过程，只怕动画观看起来也不会很流畅。特别是在动画中加入了大量的声音和图像的动画没有了预载将不会流畅地展现在我们眼前。

8.2.2 镜头切换效果的方式

一部 Flash 动画片是由许多镜头组合而成的，在镜头与镜头之间如何切换才能给人更自然、更和谐的感觉呢？最简单的是不需任何过渡效果，直接转入下一个镜头，这种镜头直截了当、节奏明快。但是为了能够产生富有艺术感的镜头切换效果，经常使用淡入淡出、溶入及遮罩三种镜头切换方式。

1. 淡入淡出式

淡入是指画面从全黑的屏幕中显现出来的效果，这种效果能够给观众优美柔和的视觉感，常用在镜头或动画开始的时候。淡出与淡入相反，是一种画面在屏幕上逐渐消失的效果，常用在镜头或动画结束的时候。Flash 的技术实现方法为：在首帧绘制矩形覆盖整个舞台，将所有镜头画面全部遮住，将此矩形转化为图形元件。在完全显现画面的位置插入关键帧，将此帧中矩形实例的 Alpha 值设为 0%，然后对该矩形元件的实例做移动渐变动画。淡出与淡入相反，镜头画面在屏幕上逐渐隐去，最后整个屏幕变为漆黑。

2. 溶入式

溶入式接镜是指上一个画面从完全可见变得逐渐透明直至完全不可见，而下一个画面从完全不可见逐渐显现直至最后完全可见的接镜效果，两个画面是淡出和淡入交替衔接的。Flash 的技术实现方法为：上一个画面使用淡出的切换方式，下一个画面使用淡入的切换方式，交替衔接的镜头画面在不同图层的时间轴的帧区间上重叠显现。

3. 遮罩式

遮罩式的接镜效果是先在上一个画面上出现一个亮点，然后这个亮点成一定形状逐渐扩大，下一个画面出现在这个扩大的区域中，最终画面占据整个屏幕的效果。

在项目"高校网站开场动画"中，主要背景画面的切换中使用了淡入淡出式和溶入式两种镜头切换方式，在用小圆圈显示相关图片的动画中画面的切换使用了遮罩式切换的方法。

8.2.3 元件的管理

在 Flash 中创建的元件都位于"库"中，使用"库"面板可以方便对元件进行查找、编辑、复制等管理。

1）直接复制元件。在"库"中直接复制元件，可以用鼠标右键单击要复制的元件，在弹出菜单中选择"直接复制"菜单项，在打开的"直接复制元件"对话框中修改元件的名字，单击"确定"按钮即可。直接复制元件主要用在制作类似元件时，用此方法可以提高制作动画的效率。例如本项目中类似文字元件的创建，这样既提高了效率，又能保证文字字体大小的统一性。

2）复制其他文档的元件。在制作 Flash 的过程中，要想复制一个文档的元件到另外一个文档可以执行下面的操作：在"库"面板中右击需要复制的元件，在弹出菜单中选择"复制"菜单项，然后切换到目标文件，再右击"库"面板，选择弹出菜单中的"粘贴"菜单项。

3）查找空闲元件。在制作 Flash 动画时，为了减小动画尺寸和对元件进行有效的管理，可以对没有用到的元件进行删除。可以单击"库"面板右上角的按钮，在打开的菜单中选择"选择未用项目"菜单项，没有使用过的项目会被选中。

4）使用元件文件夹。在制作 Flash 动画时，为了避免"库"面板中因元件过多而显得混乱，可以把同类的元件归到一个元件文件夹中。新建一个文件夹，只需单击"库"面板底部的"新建文件夹"按钮即可。默认情况下创建的元件都位于"库"面板根目录下，想移动元件只需要拖动元件到目标文件夹下即可。另外也可以如图 8.22 所示，在新建元件时单击标签"文件夹："后的"库根目录"，在弹出的"移至文件夹"窗口中的选择"现有文件夹"内选择目标文件夹即可。

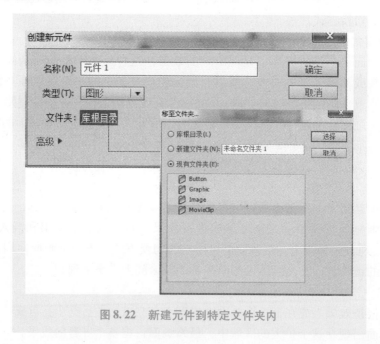

图 8.22　新建元件到特定文件夹内

8.3　"《小燕子》Flash MTV"项目

【项目说明】

本项目的主要内容是使用 Flash 的相关技术制作儿歌《小燕子》的 Flash MTV 作品。项目共有 6 个场景画面，可以通过按钮控制影片的播放，歌词与动画场景和音乐同步。项目中的主要界面效果图如图 8.23 所示。

图 8.23 项目中的主要界面效果图

【实现过程】

1. 项目设计思路

本项目是一个儿歌的 MTV 动画。本 MTV 主要的故事情节围绕一个小女孩和小燕子的感情展开。具体的实现分以下几个部分：

1）题目动画：春天的绿地里，花朵盛开，小女孩躺在草地上思念小燕子。

2）音乐的前奏：春回大地，花儿盛开，蝴蝶飞舞，随后两只小燕子飞了回来。

3）第一句歌词（小燕子，穿花衣）：从南方飞回来的小燕子，摘了原野里面的花朵继续在原野里飞行。

4）第二句歌词（年年春天来这里）：小女孩飞到天空中去迎接小燕子。

5）第三句歌词（我问燕子你为啥来）：小女孩伸开双手拥抱小燕子。在实现的过程中前三句歌词放到一个场景中实现。

6）第四句歌词（燕子说这里的春天最美丽）：春回大地，柳树发芽，很多燕子在飞来飞去，女孩子欢笑。

2. 设置"文档属性"

启动 Adobe Flash CS6 后，执行"文件"→"新建"菜单命令，在打开的"新建文档"对话框中的"常规"选项卡中选择"ActionScript 3.0"选项，新建一个文档，设置文档的大小为 800×600 像素，背景颜色为"白色"。执行"文件"→"保存"菜单命令，将新文档保存，并命名为"小燕子 MV"。

3. 绘制"小燕子"

`Step1` 新建图形元件"燕子 1"。使用"铅笔工具"、"椭圆工具"等绘制出一个小燕子的轮廓，再使用颜料桶工具给其涂上颜色，删去轮廓线。其步骤如图 8.24 所示。

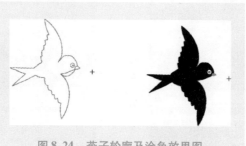

图 8.24　燕子轮廓及涂色效果图

> ★ **提示：** 燕子的翅膀可以先画一个，后一个使用复制、变形、垂直翻转得到。

`Step2` 直接复制元件"燕子 1"为影片剪辑元件"燕子 1 飞"。打开元件"燕子 1 飞"，使用"铅笔工具"使燕子分成上翅膀、下翅膀、头和身体四个封闭的区间，如图 8.25 所示。然后将其放到不同的图层中，再删掉其中的红色线条。然后选中上翅，将其转化为元件"上翅"，选择"变形工具"，移动其变形中心到翅膀和身体的交汇处，如图 8.25 所示。分别在第 10 帧、第 20 帧插入关键帧。在第 10 帧处使用"变形工具"沿变形中心向下旋转翅膀，分别在第 1 帧和第 10 帧之间、第 10 帧和第 20 帧之间创建传统补间动画。按照此方法制作下翅飞行的动画，其图层设置和效果图如图 8.26 所示。

`Step3` 新建图形元件"燕子 2"。使用"铅笔工具"、"椭圆工具"等绘制出另一只小燕子的身体轮廓，再新建两个翅膀图层，绘制出燕子的翅膀，最后使用颜料桶上色，其具体步骤如图 8.27 所示。

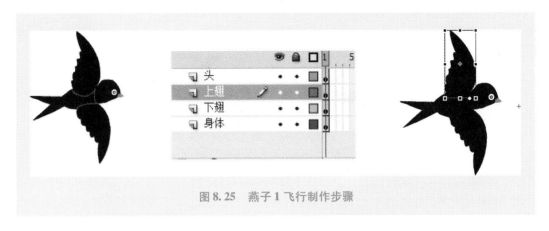

图 8.25　燕子 1 飞行制作步骤

图 8.26　"燕子 1 飞行"个图层之间的关系图

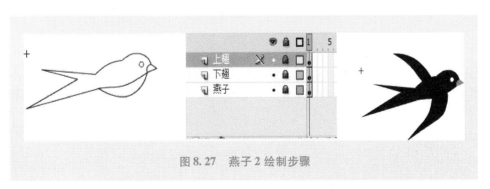

图 8.27　燕子 2 绘制步骤

Step4 ▶ 直接复制元件"燕子 2"为影片剪辑元件"燕子 2 飞"。打开元件"燕子 2 飞"，在图层"燕子"中第 4 帧延长帧，图层"上翅"和图层"下翅"的第 3、第 4 帧插入关键帧，在图层"上翅"的第 3 帧处打开任意变形工具把中心注册点移到翅膀的下部，向上调整一定的角度。在图层"下翅"的第 4 帧处打开任意变形工具把中心注册点移到翅膀的上

部，向下调整一定的角度，这样燕子就动起来了，如图 8.28 所示。

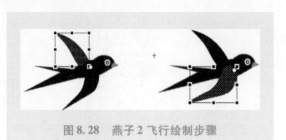

图 8.28　燕子 2 飞行绘制步骤

4. 绘制"女孩"

Step1　新建图形元件"女孩"，使用"铅笔工具"勾勒出女孩的轮廓，使用"颜料桶工具"为其涂色，其具体效果如图 8.29 所示。

图 8.29　女孩绘制步骤

Step2　新建图形元件"女孩飞"，使用"铅笔工具"，仿效女孩的外观，勾勒出女孩飞的轮廓，并使用"颜料桶工具"为其涂色，其具体效果如图 8.30 所示。

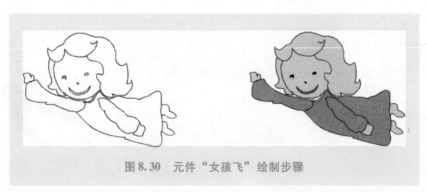

图 8.30　元件"女孩飞"绘制步骤

Step3　直接复制元件"女孩飞"为影片剪辑元件"挥手的女孩"。如图 8.28 所示，打开元件"挥手的女孩"，仿效前面元件"燕子 1 飞"的制作方法，分别把女孩的两个胳膊放到不同的图层中，并转化为元件。在图层"女孩"和图层"胳膊 2"中第 14 帧延长帧，图层"胳膊 1"的第 5、第 10 帧插入关键帧，在图层"胳膊 1"的第 5 帧处打开任意变形工具把中心注册点移到胳膊的上部，向上调整一定的角度，这样女孩子的胳膊就动起来了，如图8.31所示。

图8.31 女孩挥手动作制作

Step4 直接复制元件"女孩飞"为影片剪辑元件"女孩前伸胳膊"。如图8.32所示，打开元件"女孩前伸胳膊"，仿效前面元件"挥手的女孩"的制作，在图层"女孩"的第17帧延长帧，分别在图层"胳膊1"的第16帧、图层"胳膊2"的第17帧插入关键帧，在图层"胳膊1"的第16帧处打开任意变形工具把中心注册点移到胳膊的上部，向上调整到合适的角度，在图层"胳膊2"的第17帧处打开"任意变形工具"把中心注册点移到胳膊的上部，向下调整到合适的角度，这样女孩子的胳膊就伸直了。然后在第17帧处添加动作代码"stop( )；"。

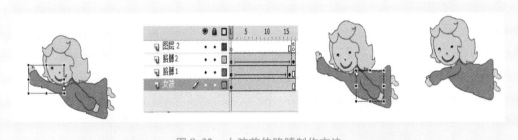

图8.32 女孩前伸胳膊制作方法

5. 制作题目动画

Step1 回到主场景，新建图层"题目"。选择"矩形工具"，设置笔触颜色为"无"，填充颜色为"绿色"，绘制一个800×600像素的矩形，并与舞台对齐。选择"Deco工具"，在"属性"面板中设置绘制效果为"藤蔓式填充"，树叶颜色为"#00D800"，花的颜色为"#00E500"，对矩形进行填充。将图形转化为影片剪辑元件"文字动画"。效果如图8.33所示。

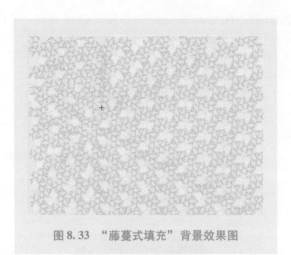

图 8.33 "藤蔓式填充"背景效果图

Step2 在舞台上双击"文字动画"元件，进入该元件的编辑窗口，新建图层，在背景左上方输入"小燕子"，字体为"方正舒体"，大小为 50 点。选择"修改"→"分离"菜单命令，单击鼠标右键选择"分散到图层"。选择图层为"小"，执行"修改"→"分离"菜单命令，选择"墨水瓶工具"，设置笔触颜色值为"#FF3399"，样式为"虚线"，单击文字为其添加描边效果。接着使用颜料桶工具为其填充颜色。在第 10 帧插入关键帧，然后移动第 1 帧处的"小"到舞台的外侧，在第 1 帧和第 10 帧中间创建传统补间动画。按照此方法对"燕"和"子"进行动画设置。新建图层"燕子"，在第 35 帧处插入关键帧，拖动元件"燕子1"到舞台上，在第 44 帧处插入关键帧，设置第 35 帧处实例的"色彩效果"样式为"Alpha"，取值为"0%"，在第 35 帧和第 44 帧中间创建传统补间。新建图层"女孩"，在第 46 帧处插入关键帧，拖动元件"女孩"到舞台上。延伸各图层到第 70 帧，并在第 70 帧处添加动作代码"stop( );"。"文字动画"元件各图层之间的关系及效果图如图 8.34 所示。

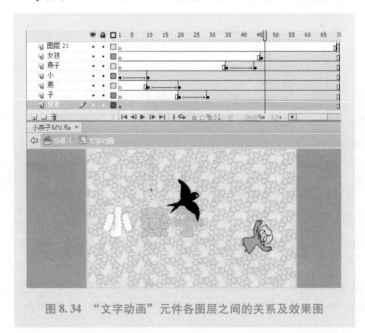

图 8.34 "文字动画"元件各图层之间的关系及效果图

Step3 回到主场景，新建图层"按钮"。执行"窗口"→"公用库"→"Buttons"菜单命令，拖动一个播放按钮在舞台的右下方，在属性窗口中给该实例命名为"btnplay"。新建图层"as"，在第 1 帧处输入如图 8.35 所示代码。

```
1  stop();
2  btnplay.addEventListener(MouseEvent.CLICK ,PlayMv);
3
4  function PlayMv(event:MouseEvent):void
5  {gotoAndPlay(2);
6    }
```

图 8.35　第 1 帧处的代码

6. 制作"音乐前奏"动画

Step1 新建图形元件"背景 1"，选择"矩形工具"按钮，笔触颜色设置为"无"，填充颜色类型设置为"线性填充"，颜色分别为"#00CCFF"、"#FFFFFF"，绘制一个大小为 570×600 像素的矩形，如图 8.36 所示。

图 8.36　"背景 1"效果图

Step2 新建图形元件"白云 1"、"白云 2"，使用"铅笔工具"和"笔刷工具"绘制两朵不一样的白云，其效果图如图 8.37 所示。

Step3 新建图形元件"花草 1"、"花草 2"，使用工具箱中的工具绘制两棵不一样的花草，其效果图如图 8.38 所示。

Step4 新建图形元件"花草组合"。新建图层"花草 1"，多次拖动"花草 1"元件到舞台上，放置其在不同的位置，并使用变形工具调整它们的大小。使用同样的方法创建图层"花草 2"。新建图层"草"，用笔刷绘制不同形状，不同弯曲度的草。其图层设置和效果如图 8.39 所示。

图 8.37　白云绘制效果图

图 8.38　花草绘制效果图

图 8.39　元件"花草组合"各图层关系及效果图

Step5 导入图片素材"绿蝴蝶.png"。新建图形元件"蝴蝶",拖动"绿蝴蝶.png"到第1帧,执行"修改"→"分离"菜单命令打散图片,选择"套索工具"选项中的"魔术棒"按钮,单击蝴蝶周围多余的部分,选中不要的边缘部分,按【Delete】键将它们删除。新建影片剪辑元件"蝴蝶飞",拖动元件"蝴蝶"到第1帧,分别在第3帧和第5帧插入关键帧。在第3帧处使用"变形工具",将实例向中间挤压,制作蝴蝶拍动翅膀的动画效果,如图8.40所示。这里,为了使读者看得更清晰,点击了"绘图纸外观"按钮。

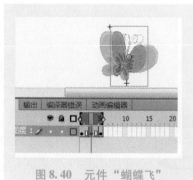

图 8.40　元件"蝴蝶飞"
制作效果图

Step6 新建影片剪辑元件"场景1"。重命名"图层1"为"天空"。在第1帧处拖入元件"背景1",设置其大小为 800×800 像素,在第120帧处插入关键帧,将"背景1"实例下移200像素的距离,在第1帧和第120帧中间创建传统补间动画。

Step7 新建图层"白云1"。在第1帧处拖入元件"白云1",移动其位置到天空的左上角,在第144帧处插入关键帧,将"白云1"实例下移一小段距离,并使用"变形工具"将其放大一些，在第1帧和第144帧中间创建传统补间动画。按照此方法，创建图层"白云2"。

Step8 新建图层"花草"。在第1帧处拖入元件"花草组合"，移动其位置到天空的最下方，在第120帧处插入关键帧，将"花草组合"实例上移一段距离，在第1帧和第120帧中间创建插入传统补间动画。

Step9 新建图层"蝴蝶"。在第140帧处拖入元件"蝴蝶飞"，移动其位置到花草附近。在该图层创建"引导动画"。在"引导线"层绘制如图8.41所示的引导线。在图层"蝴蝶"。的第200帧处插入关键帧，移动蝴蝶到引导线的末端，并调整其方向，使其切线方向与引导线相同。在第140帧和第200帧中间创建传统补间动画。

图 8.41　蝴蝶引导线动画

Step10 新建图层"燕子1"。在第193帧处拖入元件"燕子1"，新建图层"燕子2"。在第210帧处拖入元件"燕子1"。参照蝴蝶飞行的动画，制作两只燕子飞行的动画。其方法和放置位置如图8.42所示。

图 8.42　燕子飞行的引导线

Step11 延伸各图层至第 350 帧，在第 350 帧处添加动作代码 "stop( );"。

7. 制作"场景 2"动画

Step1 新建影片剪辑元件"白云 3"，选择"椭圆工具"，设置笔触颜色为"无"，填充颜色为白色，绘制如图 8.43 所示的白云。

Step2 新建影片剪辑元件"场景 2"。重命名"图层1"为"背景"，绘制一个 800×600 像素的无框矩形，进行蓝色到淡蓝色的渐变填充。

Step3 新建图层"白云"。在第 1 帧处拖入元件"白云 3"，放在背景的中间靠上位置，设置模糊滤镜效果，在第 187 帧处插入关键帧。向左移动第 1 帧处的实例到舞台外侧，在第 1 帧和第 187 帧中间创建传统补间动画。

图 8.43 元件"白云 3"绘制效果图

Step4 新建图层"花草"。在第 1 帧处拖入元件"花草组合" 3 次，使其排成一排，放在背景的下方位置，具体效果如图 8.44 所示。在第 237 帧处插入关键帧，移动图形使其最右边和背景的最右边对齐，在第 1 帧和第 237 帧中间创建传统补间动画。延伸图层"花草"、"白云"、"背景"到第 350 帧。

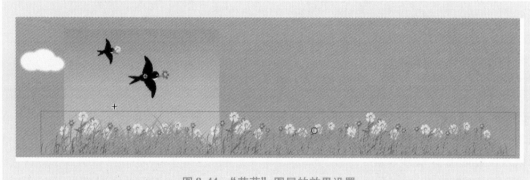

图 8.44 "花草"图层的效果设置

Step5 新建图层"燕子 1"。在第 1 帧处拖入元件"燕子 1"。在图层"燕子 1"的下面新建图层"花"，在第 1 帧处拖入元件"花草 1"，调整其大小，放置在燕子的嘴边。按照此方法再放一只燕子在舞台上，调整其大小，使画面有远近之分的感觉。

Step6 新建图层"女孩"，调整其到图层"花"的下面。在第 182 帧处插入空白关键帧，拖入元件"挥手的女孩"，放在燕子 1 附近的位置，在第 244 帧处插入关键帧。在第 182 帧处设置实例的 Alpha 值为 0，在第 182 帧和第 244 帧中间创建传统补间动画。在第 245 帧处插入关键帧，打开"属性"面板，单击"交换"按钮，打开如图 8.45 所示"交换元件"对话框，选择"女孩前伸胳膊"元件，单击"确定"按钮，完成元件的置换。在第 260 帧处插入关键帧，向左稍稍移动元件实例。在第 310 帧处插入关键帧，向左移动"女孩前伸胳膊"实例到舞台的中央稍靠右的位置，并放大该实例。分别在第 245 帧和第 260 帧中间，第 260 帧和第 310 帧中间创建传统补间动画，制作女孩向前伸手接住小燕子的动画效果。

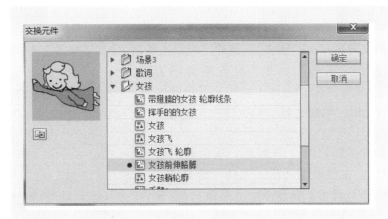

图 8.45 "交换元件"对话框

Step7 在图层"燕子 1"的第 257 帧和第 240 帧处插入关键帧。在第 250 帧处向右移动燕子到女孩手的附近。在图层"花"的第 241 帧、第 254 帧和第 293 帧处插入关键帧,在第 254 帧处移动花到燕子的嘴巴附近,在第 293 帧处移动"花"的实例到背景画面的下方,并设置 Alpha 值为"0%",分别在第 241 帧和第 254 帧中间,第 254 帧和第 293 帧中间创建传统补间效果,制作花从燕子嘴边落下的动画效果。效果如图 8.46 所示。

Step8 在"燕子"图层的第 260 帧和第 310 帧处插入关键帧,在第 310 帧处移动燕子到画面中间和女孩靠近,并对其进行放大,在第 260 帧和第 310 帧中间创建传统补间动画。

Step9 新建图层 2,在第 260 帧处绘制如图 8.47 所示的遮挡边框,使画面呈现椭圆的形状显示。

图 8.46 女孩伸手接住燕子效果图

图 8.47 遮挡边框效果图

Step10 在图层 2 的下面新建图层 1,在第 261 帧处绘制和图 8.47 所示的遮挡边框中的空心椭圆一样大的椭圆,填充颜色为白色,在第 350 帧处插入关键帧。在第 261 帧处修改填充色为白色,Alpha 值为 0,在第 261 帧和第 350 帧中间创建形状补间动画,使画面呈现逐渐模糊的动画形象。在第 350 帧处添加动作代码 "stop( );"。

8. 制作 "场景 3" 动画

Step1 新建影片剪辑元件 "柳枝"。选择 "直线工具"，设置笔触颜色为 "#A9A954"，填充颜色为无，打开 "属性" 面板，设置笔触值为 "3"，绘制枝干，然后使用 "选择工具" 对其弯曲度进行调节，最后使用 "笔刷工具" 添上柳叶。其效果图如图 8.48 所示。

Step2 新建影片剪辑元件 "场景 3"。重命名 "图层 1" 为 "背景"，在第 1 帧处拖入元件 "背景 1"，设置大小为 800×600 像素。新建图层 "草地"，在背景图片的下方绘制一个绿色矩形。新建图层 "女孩"，在第 1 帧处拖入元件 "女孩"，使用 "变形工具" 进行方向调整。新建图层 "白云"，在第 1 帧处拖入元件 "白云 1"、"白云 2"，并适当调整其大小，其效果图如图 8.49 所示。

图 8.48　元件 "柳枝" 效果图

Step3 新建图层 "柳树"，在画面的右上方处拖入元件 "柳枝" 多次，并使用 "变形工具" 对其进行方向和大小的调整。用直线工具在柳枝旁绘制树干，填充颜色为 "#845424"，将其整体选中，转化为影片剪辑元件 "柳树"，其绘制效果如图 8.50 所示。

图 8.49　背景效果图

图 8.50　元件 "柳树" 绘制效果图

Step4 新建图层 "燕子"，在第 1 帧处拖入元件 "燕子 1"，创建传统引导层，制作燕子在天空中飞行的动画。按照此方法，制作多只燕子飞行的动画效果。其图层设置和效果图如图 8.51 所示。

Step5 延伸各图层至第 155 帧，在第 155 帧处添加动作代码 "stop( );"。

9. 组织主场景，添加音乐

Step1 新建图层 "场景 1"，在第 2 帧处插入空白关键帧，拖入元件 "场景 1"，调整好元件在舞台中的位置，使主画面和舞台对齐。在第 369 帧和第 398 帧处插入关键帧，设置第 398 帧处实例的 Alpha 值为 0，在第 369 帧和第 398 帧中间创建传统补间动画，制作出画面淡出的切换效果。

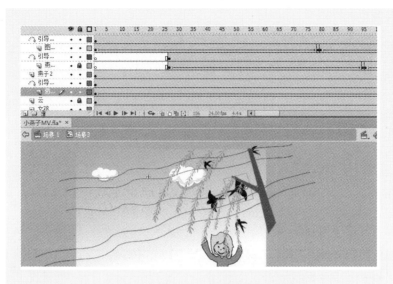

图 8.51 "燕子"飞行的图层设置和效果图

Step2 新建图层"场景 2"，在第 392 帧处插入空白关键帧，拖入元件"场景 2"，调整好元件在舞台中的位置，使主画面和舞台对齐。在第 413 帧处插入关键帧，设置第 392 帧处实例的 Alpha 值为 0，在第 392 帧和第 413 帧中间创建传统补间动画，制作出画面淡入的效果。延伸图层帧到第 748 帧。

Step3 新建图层"场景 3"，在第 748 帧处插入空白关键帧，拖入元件"场景 3"，调整好元件在舞台中的位置，使主画面和舞台对齐。在第 768 帧处插入关键帧，设置第 748 帧处实例的 Alpha 值为 0，在第 748 帧和第 768 帧中间创建传统补间动画，制作出画面淡入的效果。延伸图层帧到第 928 帧。

Step4 执行"文件"→"导入"→"导入到库"菜单命令，将音乐文件"小燕子. mp3"导入到元件库中。

Step5 回到主场景中。新建图层"music"。在第 2 帧处添加空白关键帧，打开"属性"面板，在"声音"延伸面板中，选择"名称"下拉列表中的"小燕子. mp3"选项，其设置如图 8.52 所示。

Step6 新建图形元件"歌词 1"，选择"文本工具"，字体为"华文行楷"，大小为 40 点，颜色设置为"#FFFFCC"，输入文字"小燕子，穿花衣"。新建影片剪辑元件"歌词 1 进入"，重命名"图层 1"为"文字"，在第 1 帧处拖入元件"歌词 1"，复制"图层 1"为"图层 2"，选中第 1 帧处的元件实例，打开"属性"面板，在"色彩效果"延伸面板中，设置"色调"样式如图 8.53 所示，颜色值设置为"#FFFF00"。新建图层"矩形"，在第 1 帧处绘制一个和文字一样大小的矩形，在第 77 帧处插入关键帧，缩小第 1 帧处的矩形到文字的左边，在第 1 帧和第 77 帧中间创建形状补间动画。设置图层"矩形"遮罩图层"文字 2"。将元件中各帧延伸到第 77 帧，在第 77 帧处添加代码"stop( );"。元件各图层的设置如图 8.54 所示。参照元件"歌词 1"、"歌词 1 进入"的制作方法，制作其他几句歌词的动画。

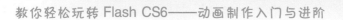

图 8.52　插入音乐

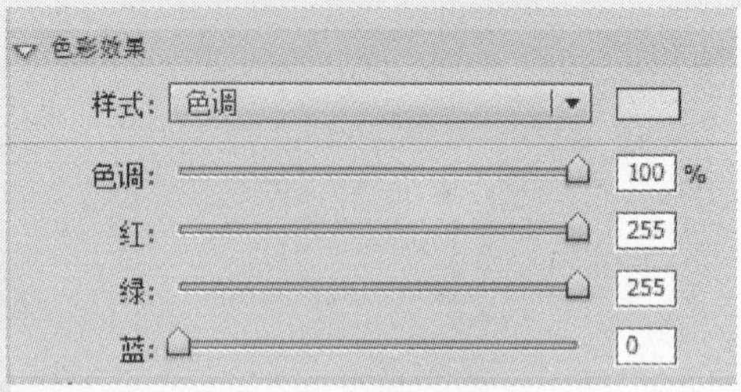

图 8.53　色调样式设置

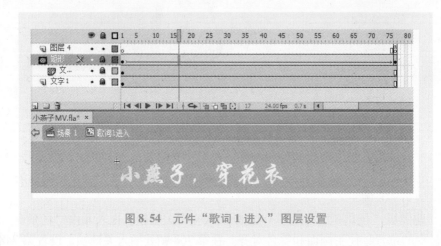

图 8.54　元件"歌词 1 进入"图层设置

Step7 在主场景中新建图层"歌词"，分别在第 482 帧、第 559 帧、第 675 帧、第 770 帧处拖入元件"歌词 1 进入"、"歌词 2 进入"、"歌词 3 进入"、"歌词 4 进入"。延伸图层到第928 帧。

Step8 在图层"as"的第 928 帧处添加动作代码"gotoAndStop(1);"。

Step9 在所有图层的上面新建图层"外框"，在第 1 帧处绘制一个如图 8.55 所示的空心矩形，遮住舞台以外的对象，延伸图层到第 928 帧。

图 8.55　空心矩形效果图

【技术讲解】

⭐ 8.3.1　Flash MTV 制作的流程

Flash MTV 因其具有动画的特点，又配有音乐，文件较小，上传下载速度快，在网络上深受人们的喜爱和欢迎。制作一个质量比较高的 Flash MTV 作品是一个庞大的工程，一般要按如下的步骤进行。

1. 歌曲的确定

Flash MTV 属于音乐的范畴，首先第一步是要选定想要创作的音乐，音乐的格式要求为标准的 MP3 格式。下载的音乐有些是 MP3 格式的，但在 Flash 中却无法导入成功，可以使用相关软件来进行音乐格式的处理。确定了音乐之后，就可以围绕歌词、歌曲意境展开剧情的创作了。

2. 剧本的编写

这一步主要是根据音乐确定故事情节。主要是确定主要的动画形象，每一个场景中的故事情景、人物及主要的运动变化等，是后期如何制作动画的一个重要依据。

3. 主要动画形象的创作

主要的动画形象创作是一个 Flash MTV 成败的关键，创作者应充分发挥想象力和创造力设计一个生动的、有艺术魅力的动画形象。一个切合主题的、生动的动画形象会给动画增色，给人留下深刻印象。相反一个没有特色、制作粗糙的主要动画形象会毁掉整个 MTV。一般主要的动画形象需要创作正面形象、侧面形象、动作、不同环境下的表情等效果。

4. 素材的准备与预处理

在剧本编写之后就可以有针对性地搜集 MV 中需要的素材（文字、图片以及声音等）。对于一些无法直接获取的素材，可通过专门的软件对其进行编辑和修改，或对需要的素材进行提取。素材的预处理包括音乐素材预处理和图片素材预处理两个方面。Flash 支持导入 MP3 及 WAV 等格式的声音文件。如果音乐文件是来源于 CD 或者是其他 Flash 不支持的格式，就需要用一些声音处理软件，将声音转化成 WAV 或 MP3 声音格式，然后再导入。Flash 可以导入几乎所有常见的位图格式，包括 jpg、gif、png、tif 等位图格式。在网上很容易找到图片素材。选择图片素材，要依照作品的主题、歌曲的内容、情节的表现来选择。在应用位图素材时，图片的像素大小要尽量和作品的场景大小相同。对于过大的图片最好事先用 Photoshop 调整合适大小并进行适当的压缩处理，这样能减小文件的体积。

5. Flash MTV 制作

前面的准备工作做好之后，就可以进行 MTV 的制作了。主要包括导入相关的素材和音乐，安排好每个场景的次序，同步歌词和音乐，最后进行影片的测试，观察歌词和音乐是否同步，场景之间的过渡是否自然美观等，进行反复的修改，直到符合要求。

6. MTV 的优化与管理

制作一部完整的 MTV 作品是一个艰辛的过程。一个 MTV 少则几百帧，多则上千帧，图层多则几十层甚至上百层，素材更是数不胜数。如果不养成良好的文件管理习惯，不仅浪费时间和精力，还会给后期的修改和改进带来很大的麻烦。

1）"图层"的管理。"图层"用于组织和控制动画，在制作大型的综合动画时要建立很多的图层，这给管理和后期的维护带来了很大的工作量。在制作过程中，可以创建图层文件夹，把图层按功能分类放在其中，这样可以大大提高制作动画的效率，使动画整洁、有序，可读性高，可维护性好。

2）"库"的管理。"库"中存储着各类图形元件、按钮、影片剪辑、位图、视频、音乐等动画素材。随着作品的制作，元件越来越多，维护和查找的工作越来越复杂，可建立文件夹将其按功能或者其他性质归类。

⭐ 8.3.2　Flash 动画中常用的镜头

在 Flash 动画中，镜头是直接呈现给观众的视觉画面，动画中的任何角色场景都必须通过镜头的各种表现来实现。Flash 动画中，镜头的走向概括起来有推、拉、摇、移、升（降）五种运动类型。

1. 推镜头

推镜头指摄像机向视觉目标推进的动作。推镜头可以连续展现人物动作的变化过程，逐渐从形体动作推向脸部表情或动作细节，有助于揭示人物的内心活动，常用于介绍所摄对象所处的环境。随着镜头向前推进，环境空间逐步变为画面中的主体形象。其作用是突出主体、描写细节，使所强调的人或物从整个环境中突现出来，以加强其表现力。在《小燕子》MTV 动画的前奏部分，我们使用了此方法，使画面慢慢地推进，最后呈现出动画的主角，让小燕子飞入画面中。

2. 拉镜头

拉镜头与推镜头相反，是摄像机从视觉目标向远处拉动的动作。拉镜头的视觉效果是由近及远，画面从一个局部逐渐扩展，展示局部和整体之间的联系。拉镜头具有小景换大景及造成画面向后运动等特点，常用来表现主体和主体所处环境的关系，比如表现主角正要离开的画面，因此它能充分调动观众对整体形象的想象和猜测。

3. 摇镜头

摇镜头是一种主观性的镜头，指摄像机位置不动，通过水平或垂直移动摄像机光学镜头轴线所拍摄的镜头，通常分为水平横摇、垂直纵摇、间歇摇，常用来表现运动主体的动态、动势、运动方向和运动轨迹等。在《小燕子》MTV 动画的第二个场景画面的开头部分，我们使用了此方法，使用白云和下面风景的运动来表现燕子的运动，这里摄像机的位置我们设定是始终跟随着主角"小燕子"的。

4. 近景

近景是表现人物胸部以上部分或物体局部的画面。其内容集中到主体上，画面的空间范围极其有限，主体所处的环境空间几乎被排除画面以外。

5. 特写

特写是表现人物或物体的局部（如脸、嘴、手等）的画面。特写镜头有强烈的主观意识，在这种镜头里，观众能够非常清楚地看到角色对象的细节，一般用于表现角色的表情变化或单个物体的外观特征。在《小燕子》MTV 动画的第二个场景画面中小燕子和女孩拥抱在一起的画面，我们使用了特写的手法，使周围的环境暗淡起来，圆形显示小燕子和女孩在一起的场景，突出她们在一起幸福、温馨的感觉。

8.4 "茶园旅游广告"项目

【项目说明】

本项目的主要内容是使用 Flash 的相关技术制作一个茶园旅游的广告动画。项目中的主要界面效果图如图 8.56 所示。简洁淡雅的文字配合缥缈的茶香给人安静、幽思的意境，吸引人们前去游玩、品茶。

图 8.56　茶园旅游效果图

【实现过程】

1. 广告创意思路

一个好的 Flash 动画广告，离不开好的广告创意。茶的精髓在于茶香，我们在动画中近景用茶缥缈的烟勾起观众品茶、采茶、农家乐旅游的兴趣，背景图片为烟雾缭绕的茶山景象，背景音乐为古筝曲，来突显茶在中国历史上幽远的文化定义。

2. 搜寻素材

好的素材是动画成功的保证，动画中的素材一部分我们可以自己绘制，另一部分我们也可以去网上搜索查找适合自己动画主题的素材，再进行处理。本案例的背景图片和茶的烟气矢量图片以及字体"汉仪秀英体"在相关网站上下载。

3. 设置"文档属性"

启动 Adobe Flash CS6 后，执行"文件"→"新建"菜单命令，新建一个文档，设置文档的大小为 778×372 像素，背景颜色为"黑色"。执行"文件"→"保存"菜单命令，将新文档保存，并命名为"茶园旅游广告"。

4. 导入、处理素材

Step1 导入图片素材"茶园"、"烟雾"，音乐文件"music. mp3"到"库"中。新建图形元件"烟气"，在第 1 帧处将图片"烟雾"拖入，按【Ctrl + B】键分离图形，选择工具箱中"套索工具"中的"魔术棒"按钮除去多余的部分，效果如图 8.57 所示。

Step2 新建影片剪辑"飘动的烟雾"。在第 1 帧处拖入元件"烟气"，分别在第 35 帧、第 69 帧处插入关键帧。选择"变形工具"，设置第 1 帧处实例的高度为原来高度的一半，"色彩效果"样式为"Alpha"，取值为"0%"。向上移动第 69 帧处的实例，并使用"变形工具"对其进行放大，设置其"色彩效果"样式为"Alpha"，取值为"3%"。在第 70 帧处插入关键帧，设置实例的"色彩效果"样式为"Alpha"，取值为"0%"。分别在第 1

图 8.57 烟气效果图

帧和第 35 帧之间，第 35 帧和第 69 帧之间创建传统补间动画，如图 8.58 所示。

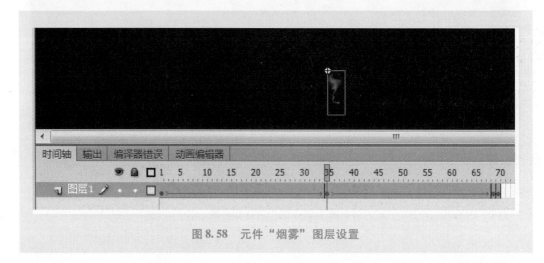

图 8.58 元件"烟雾"图层设置

> **注意：** 烟的基本运动规律是底部运动剧烈，上部运动缓慢；在攀升过程中，变得越淡越薄，直至消失。同时，受气流影响而不断改变形状和速度。烟可分为浓烟和轻烟，浓烟形态变化较小，消失较慢，常用一团团烟球在整个烟体内上下翻滚来表现；轻烟密度小，变化多，消失快，动画中只要表现整个烟的外形变化，如拉长、扭曲、回荡、分离、变细、消失等即可。

5. 安装字体文件，制作文字

Step1 如图 8.59 所示，打开"控制面板"中的"字体文件夹"，复制"素材"文件夹内的"汉仪秀英体"字体文件到其中。回到 Flash 工作窗口，新建图形元件"茶园"，选择"文本工具"，设置字体为"汉仪秀英体"，大小为"45"，颜色为"#F6EBD5"。在第 1 帧输入"武夷山茶园"，效果如图 8.60 所示。

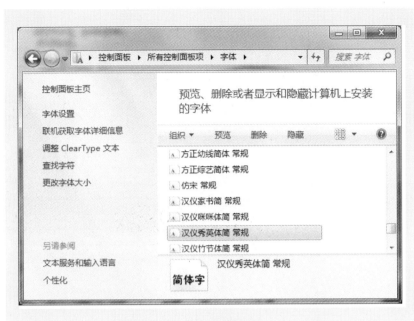

图 8.59　安装字体

Step2 新建图形元件"英文"，选择"文本工具"，设置字体为"Times New Roman"，大小为"17 点"，颜色为"#F6EBD5"，在第 1 帧输入"WUYISHANCHAYUAN"。新建图形元件"品茶"，设置字体为"华文新魏"，大小"17 点"，颜色为"#F6EBD5"，在第 1 帧输入"品茶　采茶　农家乐旅游"。文字效果如图 8.60 所示。

图 8.60　相关文字效果图

6. 动画制作

Step1 回到"场景 1"中，重命名"图层 1"为"背景"。在第 1 帧拖入图片"茶园.png"，属性设置如图 8.61 所示，使其与舞台对齐。

Step2 新建图层"茶园"。在第 1 帧拖入元件"茶园"，放在背景图片的左上方位置。在第 10 帧处插入关键帧，向上移动第 1 帧处的实例到背景图片的外部，设置实例的"色彩效果"样式为"Alpha"，取值为"0%"。在第 1 帧和第 10 帧中间创建传统补间动画。单击"绘图纸外观"按钮，可以更加清晰地看到其动画效果的设置，如图 8.62 所示。

Step3 新建图层"英文"。在第 10 帧插入空白关键帧拖入元件"英文"，如图 8.63 所示，放在文字"武夷山茶园"的右边，在第 20 帧处插入关键帧，向右移动第 10 帧处的实例一段距离，设置实例的"色彩效果"样式为"Alpha"，取值为"0%"，在第 10 帧和第 20 帧中间创建传统补间动画。单击"绘图纸外观"按钮，可以更加清晰地看到其动画效果的设置，如图 8.63 所示。

221

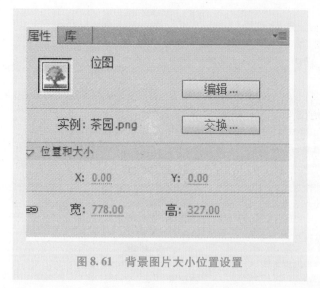

图 8.61　背景图片大小位置设置

图 8.62　文字效果（1）

图 8.63　文字效果（2）

Step4 新建图层"品茶"。在第 20 帧插入空白关键帧拖入元件"品茶"，如图 8.64 所示。
放在文字"武夷山茶园"的右侧，在第 30 帧处插入关键帧，向下移动第 20 帧处的实例一段距离，设置实例的"色彩效果"样式为"Alpha"，取值为"0%"，在第 20 帧和第 30 帧中间创建传统补间动画。单击"绘图纸外观"按钮，可以更加清晰地看到其动画效果的设置，如图 8.64 所示。

图 8.64　文字效果（3）

Step5 新建图层"烟 1"。在第 1 帧拖入元件"烟雾"，放在一个茶杯的上侧，如图 8.65 所示。新建图层"烟 2"，在第 1 帧拖入元件"烟雾"，放在另外一个茶杯的上侧。按照此方法，分别在茶壶和四个茶杯的上方放置元件"烟雾"。其图层设置和放置方法如图 8.65 所示。

图 8.65　"烟雾"放置效果

223

Step6 新建图层"music"。在第 1 帧拖入文件"music. mp3",因为音乐为背景音乐,所以设置其同步方式为"事件",如图 8.66 所示。

图 8.66 声音的设置

【技术讲解】

8.4.1　Flash 商业广告的设计原则及要素

广告是为了某种特定的需要,通过一定形式的媒体,并消耗一定的费用,公开且广泛地向公众传递信息的宣传手段。把握主题是 Flash 商业广告设计的原则。无论什么样的广告都一定会有一个主题,也就是它要宣传什么,希望从广告的宣传中得到什么,所以在制作商业广告时一定要把握主题,根据主题进行制作。

8.4.2　Flash 商业广告的构成要素

Flash 商业广告的构成要素主要包括整体构思、色彩及结构的搭配三大方面。

1. 整体构思

在制作 Flash 商业广告前,需要有一个关于广告内容的整体构思,包括应使用什么样的广告手法、如何突出广告主题等。在整体构思时,我们可以把初步的设想画在纸上,这样能对广告效果有一个比较直观的概念,并对其修改,直到满意为止,再使用 Flash 制作。

2. 色彩

色彩在广告中以其单纯和鲜明的对比关系,或色彩绚丽等格调创造出不俗的视觉效果,起着感染情绪、增强视觉冲击力、说服力和感染力的作用。色彩本身是没有灵魂的,它只是一种物理现象,但人们却能感受到色彩的感,这是因为人们长期生活在一个色彩的世界中,积累着许多视觉经验,一旦视觉经验与外来色彩刺激发生一定的呼应时,就会在人的心理上引出某种情绪。

不同的色彩会对人造成不同的生理反应,这一点已被科学所证实。红色、橙色和黄色使人联想到火和阳光，因而被称为暖色。而蓝色、绿色、青色等让人联想到天空、大海、青山等，而被称为冷色。暖色有向外膨胀的感觉，冷色则有向里收缩的趋势。此外，色彩还会让人产生强弱、进退、轻重等感光刺激。

3. 结构的搭配

结构的搭配在 Flash 广告中显得尤为重要。在结构的搭配上应注意不要使版面的结构太拥挤，应给人以清新、明快的感觉，不要使人感到压抑。

8.5　"《魔法精灵接宝物》网页游戏"项目

【项目说明】

本项目主要是使用 Flash AS3.0 的相关技术设计并制作的《魔法精灵接宝物》网页游戏项目。本游戏开始玩家可以对角色进行选择，通过键盘对人物的动作进行控制，系统自动计时。游戏结束时显示本次游戏的得分，可重新再开始游戏。项目中的主要界面效果图如图 8.67 所示。

图 8.67　游戏中的主要界面效果图

【实现过程】

1. 游戏的整体规划

在制作一个游戏之前，必须先要有一个游戏的整体规划或者设计方案。游戏的整体规划可以帮助制作者做到心中有数，安排好工作进度和分工，这样制作开发起来就会事半功倍；切忌边做边想，这样会浪费大量的时间和精力，甚至会半途而废。

本游戏是一个计分性质的娱乐小游戏，基本的内容为：天上随机落下宝物，由键盘控制地上小人的运动接宝物，每种宝物有不同的分值，系统设定游戏时间，对玩家进行积分，具体的游戏运行过程如图 8.68 所示。

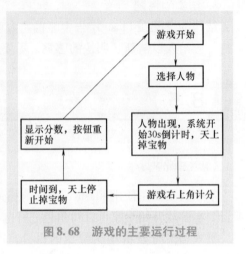

图 8.68　游戏的主要运行过程

2. 游戏中类的设计

启动 Adobe Flash CS6 后，执行"文件"→"新建"菜单命令，在打开的"新建文档"对话框中的"常规"选项卡中选择"ActionScript 3.0"选项，新建一个文档，设置文档的大小为 550×400 像素，背景颜色为"白色"。执行"文件"→"保存"菜单命令，将新文档保存，命名为"魔法精灵接宝物"。在 Flash 文件的同一目录下建立文件夹"classes"，如图 8.69 所示。

图 8.69　游戏文档的建立

通过对游戏的具体内容和运行过程的分析，设计出如图 8.70 所示的基本类，文件放在文件夹"classes"内。

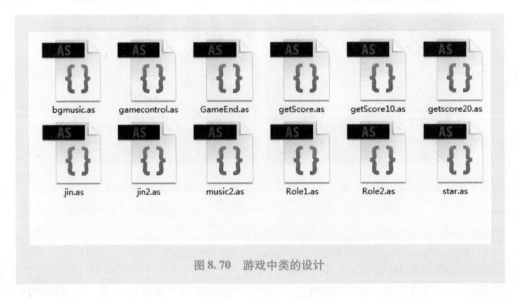

图 8.70　游戏中类的设计

Step1 角色 1 的类 Role1 如图 8.71 所示，需要有方法 speed，角色的运动通过键盘来进行控制，角色有"跑"、"跳"、"站"三种动作。函数"range( )"对角色水平方向上的运动范围进行控制。

```
package classes{
import flash.display.MovieClip;
import flash.display.Stage;
import flash.events.Event;
import flash.ui.Mouse;
import flash.events.MouseEvent;
import flash.ui.Keyboard;
import flash.events.KeyboardEvent;
public class Role1 extends MovieClip
{
    public var speed:Number;
    //构造函数
    public function Role1():void {
        init();
    }

    public function init():void{
        speed =6;
        this.addEventListener(Event.ENTER_FRAME,onFrameHandler);}
    private function onFrameHandler(event:Event):void {
        this.stage.addEventListener(KeyboardEvent.KEY_DOWN,onKeyDownHandler);}
    public  function onKeyDownHandler(e:KeyboardEvent):void {
        switch (e.keyCode) {
            case  Keyboard.LEFT:
                this.scaleX=-1;
                this.x-=speed;
                this.gotoAndStop("run");
                break;
            case  Keyboard.RIGHT:
                this.scaleX=1;
                this.x+=speed;
                this.gotoAndStop("run");
                break;
            case  Keyboard.UP:
                this.gotoAndStop("jump");
                break;
            default:
                this.gotoAndStop("stand");
                break;
        }
        if (e.keyCode==38) {
            speed = 12;
        } else {
            speed = 6;
        }
        range();
    }

    public function range():void {
        if (this.x>540) {
            this.x = 540;
        }
        if (this.x<10) {
            this.x = 10;
        }
    }

}

}
```

图 8.71　类 Role1 的实现

Step2 角色 2 的类 Role2 如图 8.72 所示，这里角色 2 的功能通过对角色 1 的继承进行实现。

Step3 宝物 1 的类 jin 的代码实现如图 8.73 所示，其中宝物的分值"count"属性设置为"public"，值为"50"，以便在游戏的主要程序中调用。为了碰撞检测方便，在这里构造函数使用了参数。

```
1  package classes {
2      import flash.display.MovieClip;
3      import flash.display.Stage;
4      import flash.events.Event;
5      import flash.ui.Mouse;
6      import flash.events.MouseEvent;
7      import flash.ui.Keyboard;
8      import flash.events.KeyboardEvent;
9  public class Role2 extends classes.Role1{
10         public function Role2() {
11             init();
12         }
13      public override function onKeyDownHandler(e:KeyboardEvent):void {
14      switch (e.keyCode) {
15          case  Keyboard.LEFT:
16              this.scaleX=-1;
17              this.x-=speed;
18              this.gotoAndStop("run");
19               break;
20          case  Keyboard.RIGHT:
21              this.scaleX=1;
22              this.x+=speed;
23              this.gotoAndStop("run");
24              break;
25          case  Keyboard.UP:
26              this.gotoAndStop("jump");
27              break;
28              default:
29               this.gotoAndStop("stand");
30               break;
31               }
32          range();
33      }
34
35      }
36  }
37
```

图 8.72　类 Role2 的实现

```
1   package classes {
2       import flash.display.MovieClip;
3       import flash.events.Event;
4   public class jin extends MovieClip {
5           private var speed:Number;
6           private var basic_speed:Number;
7           private var p1:Role1;
8           public  var count:Number;
9
10          public function jin(p:Role1):void {
11
12              basic_speed =3;
13              this.x =50+Math.random()*450;
14              this.y = -15;
15              speed = basic_speed+Math.random()*50/10;
16              basic_speed+=0.03;
17              count=50;
18              p1=p;
19              this.addEventListener(Event.ENTER_FRAME, onFrameHandler);
20          }
21
22
23          private function onFrameHandler(event:Event):void {
24              this.y += speed;
25              }
26          }
27
28  }
```

图 8.73　类 jin 的实现

Step4 宝物 2 的类 jin2 的代码实现如图 8.74 所示，宝物的分值"count"属性设置为"public"，值为"20"，以便在游戏的主要程序中调用。按此方法设计实现宝物 3 的类"star"，分值"count"属性值为"10"。

```
package classes {
    import flash.display.MovieClip;
    import flash.events.Event;
 public class jin2 extends MovieClip {
        public var speed:Number;
        private var basic_speed:Number;
        private var p1:Role1;
        public var count:Number;
        public function jin2(p:Role1) {
            basic_speed =3;
            this.x =20+Math.random()*450;
            this.y = -15;
            speed = basic_speed+Math.random()*50/10;
            basic_speed+=0.1;
            count=20;
            p1=p;
            this.addEventListener(Event.ENTER_FRAME,onFrameHandler);// constructor code
        }
        private function onFrameHandler(event:Event):void {
         this.y += speed;
            }

    }

}
```

图 8.74 类 jin2 的实现

Step5 游戏结束类 GameEnd 的代码实现如图 8.75 所示，属性 b1 用来返回玩家是否重新开始程序的选择，通过构造函数传递游戏的得分，在此类中的动态文本 txtscore 中实现。

```
package classes {
    import flash.events.*;
    import flash.display.MovieClip;
    public class GameEnd extends MovieClip {

        public var b1:Boolean;
        public function GameEnd(x1:String) {
            txtscore.text=x1;
            btnRestart.addEventListener(MouseEvent.CLICK,onClickHandler);
            b1=false;
    }

        private function onClickHandler(e:MouseEvent):void{
            b1=true;
            this.visible=false;
            }
    }

}
```

图 8.75 类 GameEnd 的实现

Step6 游戏控制类 GameControl 的代码实现。属性 myTimer、mt、mt2 来实现游戏的定时，

属性 myArray、array2、array3、array4 用来存放动态加载到舞台上的对象。其构造函数和基本属性的定义如图 8.76 所示。

```
1  package classes {
2      import flash.events.*;
3      import flash.display.MovieClip;
4      import flash.display.Stage;
5      import flash.ui.Mouse;
6      import flash.utils.Timer;
7      import flash.media.Sound;
8      import flash.net.URLRequest;
9      import flash.display.DisplayObject;
10
11     public class gamecontrol extends MovieClip {
12         private var myTimer:Timer=new Timer(1000);
13         private var mt:Timer=new Timer(500);
14         private var mt2:Timer=new Timer(500);
15         private var myArray:Array=new Array();
16         private var array2:Array=new Array();
17         private var array3:Array =new Array();
18         private var array4:Array=new Array();
19         private var a:Role1;
20         private var c:Role2;
21         private var jin1:jin ;
22         private var star1:star;
23         private var jin3:jin2;
24         private var intTime:Number;
25         private var intscore:Number;
26         private var ShowScore:getScore;
27         private var ShowScore2:getscore20;
28         private var ShowScore3:getScore10;
29         private var ifchose1:Boolean;
30         private var j:int;
31         private var i:int;
32         private var soundFile:URLRequest;
33         private var music_bg1:bgmusic;
34         private var music_bg2:music2;
35         private var gameend:GameEnd;
36
37         public function gamecontrol() {
38             time_c.text="30";
39             intTime=30;
40             intscore=0;
41            btn1.addEventListener(MouseEvent.CLICK,onClickHandler);
42            btn2.addEventListener(MouseEvent.CLICK,onClickHandler2);
43             }
```

图 8.76　类 GameControl 构造函数的实现

人物选择按钮功能的实现在函数 onClickHandler 和 onClickHandler2 中，函数 onClickHandler 的具体代码如图 8.77 所示。

函数 onTimeHandler 主要实现时间的判断和计时，宝物的初始化功能，具体的代码如图 8.78所示。

函数 onMTHandler 主要实现宝物和任务角色的碰撞检测、游戏加分的功能，其部分代码如图 8.79 所示。

函数 onMTHandler2 主要实现游戏的重新开始功能，其具体代码如图 8.80 所示。

```
44      private function onClickHandler(e:MouseEvent):void{
45          btn2.visible=false;
46          btn1.visible=false;
47          rolebg.visible=false;
48          ifchose1=true;
49          a=new Role1();
50          a.x=300;
51          a.y=260;
52          addChild(a);
53          array2.push(a);
54          myTimer.addEventListener(TimerEvent.TIMER, onTimerHandler);
55          myTimer.start();
56          mt.addEventListener(TimerEvent.TIMER, onMTHandler);
57          mt.start();
58          music_bg1=new bgmusic();
59          music_bg1.play(0);
60          }
```

图 8.77 函数 onClickHandler 的代码

```
79      private function onTimerHandler(event:TimerEvent):void{
80          intTime=intTime-1;
81          time_c.text=intTime.toString();
82          if(intTime==0){
83              myTimer.removeEventListener(TimerEvent.TIMER, onTimerHandler);
84              mt.removeEventListener(TimerEvent.TIMER, onMTHandler);
85              gameend=new GameEnd(intscore.toString());
86              addChild(gameend);
87              gameend.x=this.stage.stageWidth/2-92;
88              gameend.y=this.stage.stageHeight/2-50;
89              mt2.addEventListener(TimerEvent.TIMER, onMTHandler2);
90              mt2.start();    }
91          if (ifchose1==true) {
92          jin1=new jin(a);
93          addChild(jin1);
94          myArray.push(jin1);
95          star1=new star(a);
96          addChild(star1);
97          array3.push(star1);
98          jin3=new jin2(a);
99          addChild(jin3);
100         array4.push(jin3);
101         }else{
102         jin1=new jin(c);
103         addChild(jin1);
104         myArray.push(jin1);
105          star1=new star(c);
106         addChild(star1);
107         array3.push(star1);
108         jin3=new jin2(c);
109         addChild(jin3);
110         array4.push(jin3);
111         }
112     for(i=0; i<myArray.length; i++){
113             if(myArray[i].y > 400){
114             removeChild(myArray[i]);
115              myArray.splice(i,1); } }
116     for(i=0; i<array3.length; i++){
117             if(array3[i].y > 400){
118             removeChild(array3[i]);
119              array3.splice(i,1); }
120 }
121     for(i=0; i<array4.length; i++){
122             if(array4[i].y > 400){
123             removeChild(array4[i]);
124             array4.splice(i,1);    }
125 }}
```

图 8.78 函数 onTimeHandler 的代码

```
private function onMTHandler(e:TimerEvent):void{
    if (ifchose1==true){
    for (j=0;j<myArray.length;j++){
      if (myArray[j].hitTestObject(a)){
            music_bg2=new music2();
            music_bg2.play(0,1);
            intscore=jin1.count+intscore;
            my_score.text=intscore.toString();
            ShowScore=new getScore();
            addChild(ShowScore);
            ShowScore.x=a.x;
            ShowScore.y=a.y;
            removeChild(myArray[j]);
            myArray.splice(j,1);   }   }
    for (j=0;j<array3.length;j++){
      if (array3[j].hitTestObject(a)){
            intscore=star1.count+intscore;
            my_score.text=intscore.toString();
            ShowScore3=new getScore10();
            addChild(ShowScore3);
            ShowScore3.x=a.x;
            ShowScore3.y=a.y;
            removeChild(array3[j]);
            array3.splice(j,1);

            }
              }
    for (j=0;j<array4.length;j++){
      if (array4[j].hitTestObject(a)){
            intscore=jin3.count+intscore;
            my_score.text=intscore.toString();
            ShowScore2=new getscore20();
            addChild(ShowScore2);
            ShowScore2.x=a.x;
            ShowScore2.y=a.y;
            removeChild(array4[j]);
            array4.splice(j,1);
            }
              }
        }
    if (ifchose1==false){
```

图 8.79　函数 onMTHandler 的部分代码

3. 游戏中主要元件与代码的关联

Step1　导入素材文件夹中的相关图片和声音文件。在这里每个角色有三个动作图片"奔跑"、"站立"和"弹跳"。

Step2　创建影片剪辑"人物 1"。在"人物"图层插入三个空白关键帧，分别放入"人物 1 站"、"人物 1 跑"和"人物 1 跳"三个元件，如图 8.81 所示。新建"as"图层，在第一帧处添加代码"stop();"选中图层"人物"第 1 帧，打开"属性"面板，如图 8.82 所示设置帧名称为"stand"，按此方法，对第 2 帧、第 3 帧设置名称"run"、"jump"。在"库"中选中元件"人物 1"，单击鼠标右键选择"属性"，进行如图 8.83 所示的设置完成元件和类的链接。

```
207    private function onMTHandler2(e:TimerEvent):void{
208            if (gameend.b1==true){
209              gameend.b1=false;
210            this.removeChild(gameend);
211            if (ifchose1==true)
212             this.removeChild(a);
213             else
214            this.removeChild(c);
215            btn1.removeEventListener(MouseEvent.CLICK,onClickHandler);
216            btn2.removeEventListener(MouseEvent.CLICK,onClickHandler2);
217            time_c.text="30";
218            intTime=30;
219            intscore=0;
220            my_score.text=intscore.toString();
221            btn2.visible=true;
222            btn1.visible=true;
223            rolebg.visible=true;
224            btn1.addEventListener(MouseEvent.CLICK,onClickHandler);
225            btn2.addEventListener(MouseEvent.CLICK,onClickHandler2);
226            mt2.removeEventListener(TimerEvent.TIMER, onMTHandler2);
227
228                }
229
230        }
```

图 8.80　函数 onMTHandler2 的代码

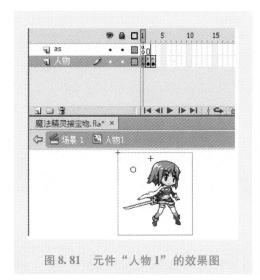

图 8.81　元件“人物 1”的效果图

图 8.82　帧的命名

Step3　参考元件“人物 1”的方法创建影片剪辑“人物 2”，设置元件元件和类“Role. as”链接。元件“人物 2”的效果图如图 8.84 所示。

Step4　创建元件“宝物 1”、“宝物 2”和“宝物 3”，其效果图如图 8.85 所示，并设置其分别和类“jin. as”、“jin2. as”和“star. as”进行链接。

Step5　创建影片剪辑“分数 50”。选择“文本工具”，输入“+50”，设置颜色为“红色”，并设置其“滤镜模糊”效果。按此方法创建元件“分数 20”、“分数 10”。

Step6　创建影片剪辑“分数显示 50”。拖入元件“分数 50”，分别在第 7 帧、20 帧和 27

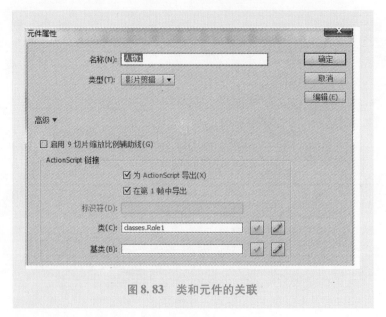

图 8.83 类和元件的关联

图 8.84 元件"人物 2"的效果图   图 8.85 宝物的效果图

帧处插入关键帧。设置第 1 帧处的"Alpha 值"为"0%"，分别依次上移第 20 帧和 27 帧处的实例位置，分别在第 1 帧和第 7 帧中间、第 7 帧和第 20 帧中间、第 20 帧和第 27 帧中间创建传统补间动画，其时间轴的设置如图 8.86 所示。选中"库"中元件"分数显示 50"，设置属性"类定义"为"classes. getScore"，单击后面的"编辑类定义"按钮，打开此类的定义面板，保存为"getScore. as"文件。

Step7 参照影片剪辑"分数显示 50"的方法，创建元件"分数显示 20"和"分数显示 10"。

Step8 创建按钮元件"人物选择按钮 1"和"人物选择按钮 2"。其效果如图 8.87 所示。

图 8.86 影片剪辑 "分数显示 50" 的效果图

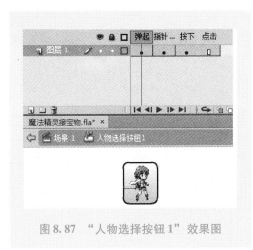

图 8.87 "人物选择按钮 1" 效果图

Step9 创建影片剪辑 "游戏结束", 其效果如图 8.88 所示, 设置其上面的分数文本框为动态文本, 命名为 "txtscore", 设置元件和类 "GameEnd.as" 进行关联。参照影片剪辑 "游戏结束", 创建影片剪辑 "人物选择背景"。

图 8.88 影片剪辑 "游戏结束" 效果图

4. 游戏主场景的设置

Step1 切换到面板"场景 1",对游戏的主场景进行设置,效果如图 8.89 所示。设置时间显示和分数显示文本框类型为"动态文本",分别命名为"time_c"和"my_score"。为元件"人物选择背景"命名为"rolebg"。

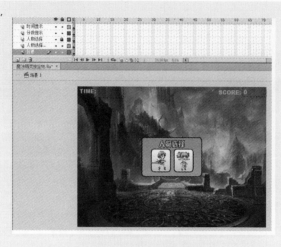

图 8.89　游戏主场景效果图

Step2 打开"属性"面板,设置"类"的内容为"classes. gamecontrol",使其和类建立关联,如图 8.90 所示。

图 8.90　文档类的设置

【技术讲解】

8.5.1　Flash 中 ActionScript 代码的位置

早期版本的 ActionScript 代码可以写在帧、按钮、影片剪辑、as 文件等位置,而 Flash

Action Script 3.0 代码的位置发生了重大的改变，只能写在帧或者 as 文件中。虽然 Flash Action Script 3.0 支持把代码写在时间轴中，但在实际应用中，如果把很多的代码放在时间轴中，会导致代码很难管理。用元件类来组织大量的代码更为合适，因为类代码都是放在 as 文件中的，本案例中使用的也是此方法，这样可以实现美工和代码相分离的效果。

把代码放在 as 文件内，一般的使用方法是创建相关的类，再引入到 ".fla" 的源文件内。引入 as 文件的方法，常见的有下面两种。

1. 使用 include 来导入代码

下面举个例子来说明这种方法的使用。

1）打开 Flash 新建一个文档，保存为 "drag_inclue.fla"，在场景中创建一个影片剪辑，在其中绘制一个圆球，将其从库中拖动到舞台上，并在舞台上将其命名为 "circle_mc"。

2）新建一个 ActionScript 文件，保存名为 "drag_include.as"，与 "drag_include.fla" 在同一路径下。输入如图 8.91 所示的代码。

```
//设置当光标移到circle_mc上时显示手形
circle_mc.buttonMode = true;
// 侦听事件
circle_mc.addEventListener(MouseEvent.CLICK,onClick);
circle_mc.addEventListener(MouseEvent.MOUSE_DOWN,onDown);
circle_mc.addEventListener(MouseEvent.MOUSE_UP,onUp);

//定义onClick事件
function onClick(event:MouseEvent):void{
trace("circle clicked");
}

//定义onDown事件
function onDown(event:MouseEvent):void{
circle_mc.startDrag();
}

function onUp(event:MouseEvent):void{
circle_mc.stopDrag();
}
```

图 8.91　drag_include.as 代码

3）回到 "drag_include.fla" 文件中，在第 1 帧上输入如下代码：include " drag_include.as" 。测试影片即可以看到效果了。

2. 使用元件类来组织代码

这里所说的元件类，实际是指为 Flash 文件库中的元件指定一个链接类名。它与上面的例子的不同之处在于，它使用的是严格的面向对象思想，将运动对象的功能封装起来，这样不论创建多少个对象，都会变得很轻松，只需要创建它的实例并显示出来即可。本游戏使用的就是这种方法，此处不再举例。

8.5.2 ActionScript 3.0 中类的继承

继承是指面向对象技术中一种代码重用的形式，允许程序员基于现有类开发新类。现有类通常称为"基类"或"超类"，新类通常称为"子类"。继承的主要优势是，允许重复使用基类中的代码，不要求改变其他类与基类交互的方式。不必修改可能已彻底测试过或可能已被使用的现有类，使用继承可将该类视为一个集成模块，可使用其他属性或方法对它进行扩展。在 Action Script 3.0 中使用"extends"关键字指明类从另一类继承。

参 考 文 献

［1］田启明. Flash CS5 平面动画设计与制作案例教程［M］. 北京：电子工业出版社，2013.

［2］李冬芸. Flash 动画实例教程［M］. 北京：电子工业出版社，2011.

［3］张素卿，王洁瑜，张颖，等. Flash 动画制作实例教程［M］. 北京：清华大学出版社，2008.

［4］段欣. Flash CS5 二维动画制作案例教程［M］. 北京：电子工业出版社，2013.

［5］叶舟. Flash 绘画与动画宝典［M］. 北京：电子工业出版社，2009.

［6］文杰书院. Flash CS6 中文版动画设计与制作［M］. 北京：清华大学出版社，2014.

［7］博雅文化. 零点起飞学 Flash CS6 动画制作［M］. 北京：清华大学出版社，2014.

［8］苏东伟. 动画设计软件应用——Flash CS6［M］. 3 版. 北京：高等教育出版社，2014.

［9］贾玉珍，王绪宛. Flash CS6 中文版基础教程［M］. 北京：人民邮电出版社，2014.

［10］张凡. Flash CS6 中文版基础与实例教程［M］. 5 版. 北京：机械工业出版社，2014.

［11］朱坤华，胡金艳. Flash 制作案例教程［M］. 北京：清华大学出版社，2012.